冷轧带钢热镀锌技术

岑耀东 陈 林 著

扫一扫查看全书彩图

北 京

冶 金 工 业 出 版 社

2021

内 容 提 要

本书系统阐述了冷轧带钢连续热镀锌机组（包括焊接、还原退火、镀锌、钝化、卷取等）重要工序的研究现状及其稳定运行的关键生产技术，详细分析了主要机械设备的疑难故障及产品缺陷的产生原因，并通过数值模拟分析、设备改造及工艺优化，总结了具体的预防措施和解决办法，实用性强。

本书可供热镀锌工程技术人员、科研人员、管理人员阅读或作为培训用书，也可供高等院校有关专业师生参考。

图书在版编目 (CIP) 数据

冷轧带钢热镀锌技术 / 岑耀东，陈林著. —北京：冶金工业出版社，2021. 11

ISBN 978-7-5024-8951-9

Ⅰ. ①冷… Ⅱ. ①岑… ②陈… Ⅲ. ①冷轧—带钢—镀锌 Ⅳ. ①TQ153. 1

中国版本图书馆 CIP 数据核字 （2021） 第 238856 号

冷轧带钢热镀锌技术

出版发行	冶金工业出版社	**电 话**	(010)64027926
地 址	北京市东城区嵩祝院北巷 39 号	**邮 编**	100009
网 址	www. mip1953. com	**电子信箱**	service@ mip1953. com

责任编辑 王 颖 美术编辑 彭子赫 版式设计 禹 蕊
责任校对 郑 娟 责任印制 禹 蕊
北京虎彩文化传播有限公司印刷
2021 年 11 月第 1 版，2021 年 11 月第 1 次印刷
710mm×1000mm 1/16；9.75 印张；190 千字；147 页

定价 99. 90 元

投稿电话 （010）64027932 投稿信箱 tougao@ cnmip. com. cn
营销中心电话 （010）64044283
冶金工业出版社天猫旗舰店 yjgycbs. tmall. com
（本书如有印装质量问题，本社营销中心负责退换）

前　言

热镀锌是钢板有效的防腐蚀方法之一，自 20 世纪中后期以来，伴随着冷轧板的广泛应用而得到了飞速发展。热镀锌板是钢铁工业重要的深加工产品，由于具有优异的耐腐蚀性能、美丽的产品外观及有利于后序加工等特性，被世界公认为最重要、最经济的钢材品种之一。相比电镀锌板，热镀锌板具有生产效率高、产量大、成本低，环境污染小的优点。但是，冷轧带钢连续热镀锌是涉及金属学、金属工艺学、热处理、冶炼、化工等的综合性技术，生产工艺复杂。在企业追求高精度、高质量、高耐腐蚀性热镀锌板的今天，冷轧带钢热镀锌技术的研究和应用在我国还有许多理论和实践问题亟待解决。如何保证热镀锌生产线的稳定运行？如何确保热镀锌板的质量？如何提高热镀锌板的耐腐蚀性？这些企业实践中面临的问题已经引起国内外学者的高度关注，并正在从各个角度进行研究。本书围绕上述问题，紧跟国内外最新发展，从理论、实证以及应用的角度，研究影响我国热镀锌技术发展的"卡脖子"问题和热点问题。

本书是作者近年来在冷轧带钢热镀锌领域所做的创新性工作的系统总结和凝练，并且在充分吸收国内外最新研究成果的基础上，以理论分析和案例讲解的方式，深入浅出的探讨冷轧带钢热镀锌技术，以期为推动我国冷轧带钢热镀锌技术的发展贡献力量。

本书共分为 6 章，岑耀东博士负责第 1 章、第 2 章、第 4 章、第 5

章、第6章及第3章3.4~3.8节的编写，陈林教授负责第3章3.1~3.3节的编写。

　　本书在编写过程中，得到了同事的大力支持，并参考了有关文献资料。此外，本书得到了内蒙古科技大学白云鄂博共伴生矿资源高效综合利用省部共建协同创新中心的资助，在此，一并表示衷心的感谢。

　　由于作者水平所限，书中疏漏之处在所难免，再加上我国的冷轧带钢热镀锌生产线各异，本书所提到的技术或观点并不一定适应所有情况，欢迎同行批评指正或一起交流探讨。

作　者
2021 年 9 月

目 录

1 引　　论

1.1　冷轧带钢连续热镀锌及其产品的优势

冷轧板表面质量好，尺寸精度高，再加之退火处理，具有良好的深冲性能。但是，冷轧板在潮湿环境中会氧化生锈，抗腐性能差，需要进行防腐蚀处理，以提高其使用寿命。热镀锌是应用最广泛的金属防腐蚀方法，常用于钢丝、钢管、热轧带钢、冷轧带钢及机械零部件的表面涂镀防腐蚀，其中冷轧带钢热镀锌应用最多。近年来，随着冷轧板的广泛应用，带钢连续热镀锌已经成为一种工艺成熟、技术先进的工业技术，尤其以建筑用板和汽车用板生产为代表的冷轧带钢热镀锌技术得到了突飞猛进的发展。

冷轧带钢连续热镀锌就是依靠焊机完成冷轧钢卷头和尾的焊接，将退火、热浸镀锌、后处理、卷取整合为一体实现连续化作业的生产工艺。现代冷轧带钢热镀锌的工艺流程一般为：上料→开卷→直头→焊接→入口活套→清洗→退火→锌锅镀锌→冷却→光整→拉矫→钝化→出口活套→涂油→剪切卷取。典型的冷轧带钢热镀锌机组工艺布置如图 1-1 所示。

冷轧带钢经过热镀锌后形成的热镀锌板其耐腐蚀性大大提高，是镀锌市场上的最主要产品。热镀锌板有以下优点。

（1）生产成本低。与电镀锌相比，热镀锌的生产费用较低，同样锌层厚度的热镀锌板价格要比电镀锌便宜。

（2）耐腐蚀性更强。与电镀锌的锌层组织不同，热镀锌层与钢基体是冶金结合，锌层均匀无间隙，不易腐蚀，而电镀锌是锌原子逐渐沉淀的一个沉积过程。即在开始电镀时，在铁基表面生成细微的小结晶核，这种单个的结晶核随着电镀时间的延长而增加，最后连成一片形成了镀锌层，容易发生点蚀。

（3）锌层牢固。由于 Zn-Fe 互溶，发生冶金结合，Zn-Fe 合金层与钢铁基体附着牢固，结合致密，而且锌具有良好的延展性，因此，热镀锌板可进行冲压、弯曲等各种成型而不损坏镀锌层。

（4）生产效率高、产量大。目前，国内发展较成熟的一条冷轧带钢连续热镀锌机组年产量在 40 万吨左右，部分厂家经过改造后年产量可接近 50 万吨，热镀锌的生产效率远比电镀锌高。

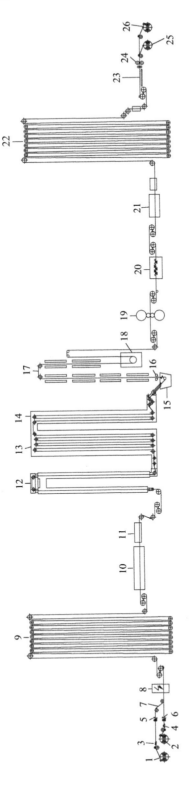

图 1-1 典型的冷轧带钢热镀锌机组工艺布置

1—1 号开卷机；2—2 号开卷机；3—1 号直头机；4—2 号直头机；5—1 号切头剪；6—2 号切头剪；
7—并线平台；8—搭接电阻缝焊机；9—入口活套；10—清洗段；11—烘干器；12—退火炉无氧化段；
13—退火炉辐射段；14—退火炉喷冷段；15—锌锅；16—气刀；17—镀后冷却段；18—水淬机；19—光整机；
20—拉矫机；21—钝化；22—出口活套；23—检查站；24—滚筒剪；25—1 号卷取机；26—2 号卷取机

（5）环境污染较少。冷轧带钢热镀锌因生产工艺不同于电镀锌，对环境的污染相对较少。

热镀锌板作为防腐材料，应物尽其用，既要实现其使用要求，又不要使其功能过剩。一般而言，热镀锌板的用途是由锌层厚度和钢板厚度决定的，热镀锌板的使用分为室内、室外两大部分。在室内使用时可选择对装饰性的要求偏高，防腐性要求偏低的薄镀锌层板，室外使用时可选择防腐蚀性要求高和装饰性要求低的厚镀锌层板。比如，单面锌层质量在 $250\sim400g/m^2$ 的热镀锌板可用于建筑结构件和排水系统管道，也用来制造铁路车厢的顶盖，单面锌层质量在 $150\sim230g/m^2$ 的热镀锌板通常用作屋面的墙壁板和瓦垄板。单面锌层质量在 $90\sim150g/m^2$ 的热镀锌板一般用于日用品的制造。单面锌层质量低于 $50g/m^2$ 的热镀锌板主要用于电子产品、家电板、包装业等领域，这时外层对装饰性的要求较高，需要进一步彩涂或涂塑料。

近几年，随着市场需求的变化，热镀锌板主要有以下几种用途。

（1）建筑业。建筑用热镀锌板主要用作屋面板、屋顶、厂房外板等，大部分是经过冷弯成型后使用。如果通过夹层、配套的其他环节，则可生产成为整体的房屋。国外很多别墅完全是由大量的镀锌板和彩涂板组成，其建设成本接近钢混结构房屋，但是装配快、构造灵活。由于建筑用板大多用于室外，所以，对镀锌板的耐腐蚀性要求较高，而为了满足使用要求，这部分市场一般需要锌层较厚的热镀锌板。

（2）汽车制造业。近几年来，汽车产业发展迅速，热镀锌板由于具有优良的耐蚀性、深加工成型性、涂漆性和焊接性，以及良好的表面质量和综合力学性能而被广泛用于汽车领域。汽车用热镀锌板作为高端钢材产品技术含量高、市场需求量大。

（3）家电及电子产品制造业。家电及电子产品用板主要为普通冷轧板、热镀锌板和电镀锌板。其中，热镀锌板由于耐腐蚀性较好主要用在空调室外机、电冰箱后板等产品及部位上，电镀锌板因表面质量较好主要用于室内的高档家电上，如电视机、微波炉、洗衣机、空调等，随着家电档次的提高，有些家电产品在外用板的使用上，有向热镀锌板发展的趋势。家电及电子产品制造业用板属于高端产品，对镀锌板的表面质量和耐腐蚀性要求都较高。

1.2 热镀锌板防腐蚀的原理

对于暴露在大气环境中的钢铁材料，当空气中的水膜为中性或弱酸性时，钢铁表面发生的腐蚀主要是吸氧腐蚀，反应过程如下所述。

正极反应式： $O_2 + 2H_2O + 4e^- =\!\!=\!\!= 4OH^-$

负极反应式： $2Fe - 4e^- =\!\!=\!\!= 2Fe^{2+}$

总反应式： $2Fe + O_2 + 2H_2O =\!\!=\!\!= 2Fe(OH)_2$

$Fe(OH)_2$ 与空气中的 O_2、H_2O 进一步反应，生成 Fe_3O_4、$Fe_2O_3 \cdot nH_2O$ 和 $Fe(OH)_2$ 等的复杂混合物，即所谓的铁锈。只要具备以上条件，这个反应会一直持续下去，直至钢铁完全氧化成铁锈为止。因铁锈疏松，无法发挥钢铁本体应有的使用价值，必须对其进行防腐蚀处理。

热镀锌的意义在于带钢表面经过热浸锌法涂镀一层镀锌层以后，能显著提高耐腐蚀性能，延长钢板使用寿命，节省材料成本，获得良好的经济效益和环境效益。热镀锌板能够提高防腐蚀性能源于镀锌层对钢板基体具有隔离防护和电化学保护双重功效，当锌镀层完整地覆盖在钢板基体表面时，钢基体与外界隔绝，只发生锌的腐蚀，此时的防护机制为物理防护，保护了钢板不受腐蚀，如图 1-2 (a) 所示。当镀锌层受到划伤时，可能出现钢基体暴露于大气中的情况，此时，镀层中的锌与带钢中的铁在潮湿的环境中组成了微小原电池，如图 1-2 (b) 所示。由于锌和铁的标准电极电位分别是 $-1.05V$、$-0.036V$，存在电势差，锌作为阳极被氧化，而铁作为阴极得到保护，属于典型的牺牲阳极金属，保护阴极金属的防护方法，反应过程如下所述。

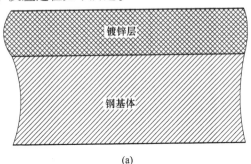

(a)

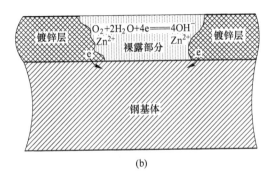

(b)

图 1-2 镀锌层防腐蚀原理图

阳极反应式：$\qquad Zn - 2e^- \Longrightarrow Zn^{2+}$

阴极反应式：$\qquad O_2 + 2H_2O + 4e^- \Longrightarrow 4OH^-$

总反应式：$\qquad Zn^{2+} + 2OH^- \Longrightarrow Zn(OH)_2$

$Zn(OH)_2$ 与空气中的 CO_2、O_2 进一步反应，会生成致密的 ZnO 和 $ZnCO_3$ 或者与 $Zn(OH)_2$ 的混合物，由于镀锌层腐蚀后的氧化物很致密，阻碍了锌的进一步腐蚀，而且能有效地将钢基体与空气中的氧隔离，这就大大提高了钢带的使用寿命。

参 考 文 献

[1] 岑耀东. 外部形势变化对我国冷轧板材行业的影响及对策 [C]. 中国金属学会轧钢分会冷轧板带学术委员会：中国金属学会，2009：21-23.

[2] 章小鸽. 镀锌保护钢铁的效率和新型锌镀层的发展前景 [J]. 中国腐蚀与防护学报，2010，30 (2)：166-170.

[3] 许秀飞. 钢带热镀锌技术问答 [M]. 北京：化学工业出版社，2007.

[4] 李九岭. 带钢连续热镀锌 [M]. 北京：冶金工业出版社，2019.

[5] 李九岭，胡八虎，陈永朋. 热镀锌设备与工艺 [M]. 北京：冶金工业出版社，2014.

[6] 李九岭，许秀飞，李守华. 带钢连续热镀锌生产问答 [M]. 北京：冶金工业出版社，2011.

[7] 张启富. 现代钢带连续热镀锌 [M]. 北京：冶金工业出版社，2007.

[8] 朱立. 钢材热镀锌 [M]. 北京：化学工业出版社，2006.

2 头尾焊接

2.1 概　述

焊接是冷轧带钢连续热镀锌生产线的重要工序之一，其主要作用是将镀锌原料卷的头和尾焊接在一起，以实现冷轧带钢退火及镀锌作业的连续性。目前国内外大多数热镀锌生产线采用窄搭接电阻缝焊机，然而，窄搭接电阻缝焊机在进行焊接工艺参数设计时其自动焊接控制系统适应性差，经常需要依靠操作工手动设置焊接参数，操作经验的多少决定了焊接质量的好坏。工作量大、出错率高，经常出现因为焊缝质量不合格而发生断带的事故，给生产厂家带来巨大损失。为了提高焊接质量和效率，以保证冷轧带钢热镀锌机组作业的连续性，有必要研究焊机故障和焊接缺陷的产生原因。

本章介绍了近几年来国内外窄搭接电阻缝焊工艺的研究现状。此外，对冷轧带钢连续热镀锌生产线的窄搭接电阻缝焊机常见故障及产品的错边缺陷、未焊透缺陷等疑难问题进行了分析，总结了窄搭接电阻缝焊工艺的关键控制技术及焊缝的力学性能，并且基于 BP 神经网络对带钢连续热镀锌窄搭接焊机工艺参数优化，构建了 BP 神经网络预报模型，探究带钢窄搭接电阻缝焊过程的温度变化对焊接质量的影响，为冷轧带钢连续热镀锌生产中焊接问题的解决提供参考。

2.2　窄搭接电阻缝焊及研究现状

自从 1856 年英格兰物理学家 James Joule 发现了电阻焊原理以来，电阻焊技术得到了长足发展，目前，电阻焊方法已占整个焊接工作量的 1/4 左右，并有继续增加的趋势。窄搭接电阻缝焊作为电阻焊的重要方式之一，因冶金过程简单、焊接效率高、成本低及易于实现机械化和自动化，可以和其他制造工序一起编到组装线上大规模批量焊接等特点，而广泛应用于冷轧带钢连续热镀锌、连续退火及冷轧硅钢等工业生产线中头和尾的焊接，以及飞机机身、暖气片、密封容器等机械制造领域中薄壁结构的焊接。

电阻焊作为一门多学科密集交叉的专门生产制造技术，随着机械、力学、电子、控制等学科技术的进步而迅速发展。多年来的实践证明，从生产制造的经验数据中总结最佳参数将费时费力，可喜的是，近年来，数值模拟技术的发展和仿真软件的开发给电阻焊技术的提高创造了条件，解决了很多理论计算无法解决的问题，尤其是在确定电阻焊熔核过程参数及焊接接头性能方面，逐步由最初的主要靠大量试验数据的确定发展为现在的用数值模拟软件与仿真技术的确定，而且围绕电阻焊的焊接参数及性能，近年来也涌现出较多的对电阻焊的数值模拟研究方法，如有限差分法、有限元法、完全耦合的有限元法、增量耦合的有限元法等，对电阻焊的热、电、力耦合行为进行分析，模拟点焊过程、研究过程机理，取得了较好的模拟效果。

2.2.1 窄搭接电阻缝焊原理

窄搭接电阻缝焊属于电阻焊，是加压焊接法的一种，其主要原理如图 2-1 所示，将两块钢板的待焊位置搭接起来，靠一对带有气缸的焊轮（焊接电极轮）挤压在一起，焊轮连接在电阻焊变压器的次级抽头上，这样就组成了变压器的次级回路，电流从变压器的一端出来，通过上焊轮到钢板搭接处，再到下焊轮，电流回到变压器的另一端。两块钢板搭接处在被压紧的同时，由于有电流的通过，在钢板本身的电阻和接触面的集中电阻处产生了热量，搭接处钢板熔化，在焊轮的滚动碾压下焊接在一起，最终形成图 2-2 的完美焊缝。由于两块钢板的搭接部分全部熔化成为接头的一部分，焊接后两种板材中心水平面在同一平面上。这种既不需要焊丝，又能实现两块钢板的焊接正是窄搭接电阻缝焊的特点所在。变压器的基本功能是将 380V 的单相电源、较小的电流，转换成焊接所需的低电压、大电流。变压器的额定功率：

$$P = U_1 I_1 = U_2 I_2 \tag{2-1}$$

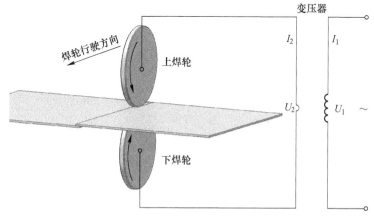

图 2-1　窄搭接电阻焊缝示意图

式中 U_1——初级额定电压，V（380V）；

I_1——初级额定电流，A；

U_2——次级额定电压，V（一般在 20V 以内）；

I_2——次级额定电流，A。

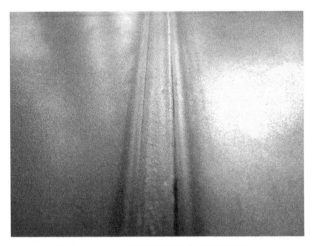

图 2-2   SPCC 钢板窄搭接电阻缝焊接头

扫一扫查看彩图

窄搭接电阻缝焊过程中，两块钢板在搭接处加压并通以电流，由于材料自身电阻、材料之间及材料与电极之间接触部分的集中电阻位置产生了热量，当材料温度升高到熔点，在焊轮的滚动碾压下而焊接起来。这时在焊接接头处产生的热量 Q 可以用下式表达。

$$Q = I^2Rt \tag{2-2}$$

式中 Q——热量，J；

I——电流，A；

R——焊接区电阻，Ω；

t——通电时间，s。

热量和电流二次方和焊接区电阻以及通电时间成正比，电阻应是不固定的，若板厚为 D_f，则

$$R = \frac{\rho \cdot 2D_f}{S} \tag{2-3}$$

式中 ρ——电阻率；

D_f——板厚；

S——焊接区断面面积。

因为 S 在焊接过程是变化的，电阻率 ρ 也随温度而变化，如若某一温度 T 的

电阻率为 ρ_0，则

$$\rho_\theta = \rho_0(1 + \alpha_0) \tag{2-4}$$

式中　ρ_0——常温下的电阻率；

α_0——温度为 θ 时的电阻温度系数。

电阻率为 ρ_0 的材料，通电时温度上升，其电阻率升高为 ρ_θ，这就引起更进一步的发热，此热量又促使电阻串的进一步升高，如此不断地反复，最终使材料熔化。熔化时的电阻率比熔化前高出 $1\sim2$ 倍，因此，此时电流已不再从熔化区流过，而是从即将熔化的压接区流过，使该区再陆续熔化，焊接因而不断扩展。

焊接时，电阻率 ρ 越高，产生的热量越多，为获得相同大小的焊核，电阻率高的材料就可以降低电流，缩短通电时间。通电时间越长，产生的热量也越多，但对于导热性好的材料，其散热量也增多，所以，此时焊核实际上也不会增大。当通电时间超过一定数值后再延长时就无意义了。因此对于导电性好的材料，必须用短时间、大电流的方法进行焊接。

2.2.2　窄搭接电阻缝焊接头的性能

传统观点认为，窄搭接电阻缝焊的残余应力较其他焊接方式小，而且不存在焊趾，然而笔者认为，由于在实际焊接中，窄搭接电阻缝焊的预压、加热、冷却结晶过程是随焊轮的滚动碾压，由钢板的一侧向另一侧进行的热膨胀—冷收缩过程，如图 2-3 所示，而且焊轮与焊件间相对位置变化较快，焊轮正下方接触处的已焊区、焊接区、待焊区在同一时刻将分别处于不同的应力状态，为了防止电阻缝焊接头终端受热膨胀而开裂，实际焊接中搭接量由焊轮碾压的始端（A 端）向终端（B 端）递增，而熔核受碾压力作用向焊缝两侧移动，造成焊趾区面积由焊轮碾压的始端向终端递增。

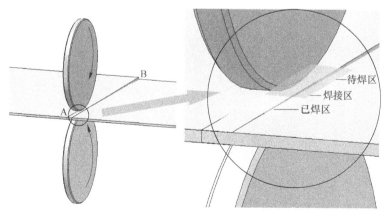

图 2-3　冷轧带钢窄搭接电阻缝焊过程

由于冷轧薄钢板搭接处不仅具有电流集中受热的特点，而且残留在熔核内和扩散到热影响区的脆性成分使得焊缝接头脆化，焊趾处受搭接熔核边缘应力集中和熔核中的脆性成分偏析双重因素的影响，使得焊趾区存在应力集中，形成淬硬组织，这种应力集中影响极大，但往往容易被忽视。实践证明，焊缝的实际拉伸断口往往不是发生在焊缝处，而是发生在母材与焊缝交界处的焊趾处，正是由于焊趾处电流场密度分散，热影响区金属熔化不充分，形成了淬硬线，淬硬线由于残余应力及脆性成分的存在而产生应力集中，这些应力集中源是后续张力作用下发生断带的薄弱点。

电阻缝焊接头搭接边缘及焊趾处由于受热的不均匀，熔化的不充分，再加上焊接裂纹缺陷的存在，焊趾部位成为焊缝接头的应力集中源，将严重影响焊缝接头强度。采用 X 射线残余应力仪测定电阻缝焊接头的残余应力，测试位置如图 2-4 所示，所得结果如图 2-5 所示，由图可知，在整个焊缝区存在较大的拉应力，而且在焊缝中心位置拉应力最大。对于电阻缝焊来说，焊缝上的任一焊点的形成过程，将伴随滚轮电极的旋转经历预压—通电加热—冷却结晶三阶段。正是由于电阻缝焊过程具有这种动态特点，预压和冷却结晶阶段的电极压力不如电阻

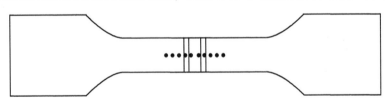

图 2-4　残余应力测试点示意图

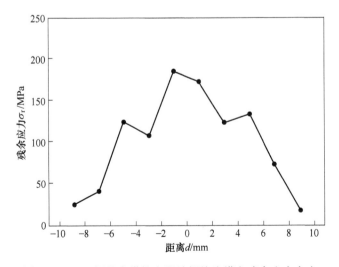

图 2-5　SPCC 钢的窄搭接电阻缝焊接头横向残余应力大小

点焊充分，使得缝焊接头应力场比点焊更加复杂，从而使焊接质量比点焊差，易出现裂纹、缩孔等缺陷。

对于电阻焊缝来说，焊缝终端最后冷却，因而其横向收缩受到已经冷却的先焊部分的阻碍，故表现为拉应力，焊缝中段则为压应力。而焊缝始段由于要保持截面内应力的平衡，也表现为拉应力，其横向应力的分布规律如图 2-6 所示。

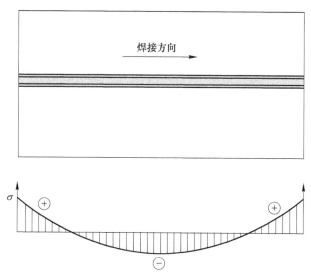

图 2-6　SPCC 钢的窄搭接电阻缝焊接头纵向残余应力分布

窄搭接电阻缝焊接头的力学性能与退火母材有很大差异。采用三点弯曲实验测定窄搭接电阻缝焊接头和母材的包辛格效应。正向加载到大于弹性变形 10mm 然后停止，再反向加载到大于弹性变形 10mm，弹性位移为 1.2mm。由图 2-7 可以看出，焊接件和母材在变形量大致相同时，焊接件的包辛格效应更加明显，各向异性更加突出。

采用拉伸实验测定窄搭接电阻缝焊接头和母材的应力—位移曲线如图 2-8 所示，电阻缝焊接头的抗拉强度远大于退火后母材，但伸长率远小于母材，而且是达到最大抗拉强度发生瞬时断裂，电阻缝焊接头反映出明显的加工硬化特征。

2.2.3　焊接参数及焊接性

电阻焊是一种加压焊接法，钢板在被压紧的同时，由于头和尾搭接处被通电，钢板本身的电阻和接触面集中电阻产生了足以使带材熔化的热量，使搭接的区域焊接在一起。由此可见，焊接点的温度、搭接量、压力等参数是影响焊接质量的最关键因素。

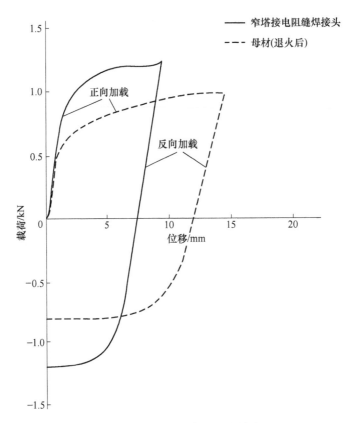

图 2-7 SPCC 试样包辛格效应

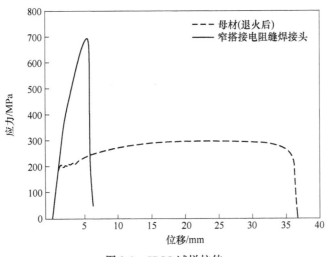

图 2-8 SPCC 试样拉伸

扫一扫查看彩图

2.2.3.1 焊接电流

根据焊接回路总热量公式（2-2）可知，电流是影响热量的最主要的因素之一，也是控制焊接过程的最主要的工艺参数之一，焊接电流太大，搭接处钢板熔化区域太大，在焊轮的碾压下，极易发生焊漏现象，电流过小，搭接处钢板无法正常熔化，带头和带尾不能正常黏结在一起，起不到焊接的作用，甚至电流在焊接过程中的波动幅度会直接影响带钢的焊接质量。因而必须采用恒电流控制，操作人员必须根据带钢的种类和规格尺寸设定合适的电流值，以满足焊接的使用要求。

2.2.3.2 搭接量

搭接量是影响焊接质量的重要工艺参数，必须合理选择并充分保证，以使焊缝牢固可靠。搭接量小了电流集中，焊缝增厚小，容易焊漏或发生终端焊缝开裂。搭接量大了，电流分散，焊缝增厚大，强度也不够，在后续的张力作用下极易发生断带事故，一般来说，厚带搭接量较大，薄带搭接量小，并且始端搭接量小，终端搭接量大，这是因为焊接过程也是焊轮对焊缝碾压的过程，焊接时，始端的焊点附近的钢带组织温度升高，产生很大的热膨胀，因始端已焊好，不会产生开裂，所以膨胀的结果是未焊接好的终端开裂，所以，两侧搭接量必须不同，而且是终端的搭接量一定要大于始端的搭接量。但是，搭接量不能太大，如果太大，搭接处钢板不能完全熔化，会留有缝隙，造成应力集中，容易在后续张力的作用下断带。图 2-9 所示为搭接量过大造成的裂缝及未熔部分。

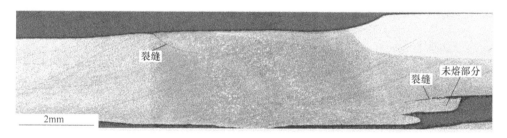

图 2-9 SPCC 钢的窄搭接电阻缝焊接头 CLSM 像

2.2.3.3 焊轮压力

在窄搭接电阻缝焊接中，焊轮压力大小极为重要，焊轮压力的影响主要体现在对焊轮与钢带、钢带与钢带之间的接触电阻有显著的影响，随着压力的增加，总电阻明显的减小，此时焊接电流略有增加，但我们往往需要一定的压力，才能保证钢带之间结合牢固，也使熔核和塑性环在焊轮压力作用下组织变得更加致密。对应于一定的焊接电流，倘若焊轮压力过小，焊轮与钢带之间的接触电阻较大，会出现炸火现象；倘若焊轮压力过大，则会引发电流密度减小，从而造成钢带抗拉强度降低。因此，采用适当的焊轮压力是必需的。

2.2.3.4　碾压轮压力

当焊点已经凝固，但温度尚高时，碾压轮再次碾过焊缝，使得焊缝产生少量变形，厚度减小，组织致密，也能将焊点冷却凝固时形成的粗糙表面压得较为光滑，有利于焊缝在生产线上安全运行，不会伤及后续的光整辊、拉矫辊及钝化辊。

2.2.3.5　焊接速度

在窄搭接电阻缝焊过程中，焊接速度（即框架运行速度）能否稳定可靠也会影响焊接质量。但是焊接速度基本上是固定的，一般不做调整，而由 PLC 程序控制器根据输入端内部预先编制的程序，按时序发出指令驱动相应电气元件动作，完成整个焊接过程。

由以上分析可知，电阻缝焊参数及工作原理有别于电阻点焊，电阻缝焊过程的电流场与温度场的分布和熔化区结晶特点均与焊轮电极压力、位置变换有关，焊接热影响区易受随机不确定因素干扰，其焊接性比点焊差。由于电阻缝焊过程中电流密度分布具有不对称性，且随着焊轮电极的移动，在未焊合的贴合面前沿处出现峰值，其形成机理受边缘效应的影响远重于电阻点焊，虽然在电阻缝焊过程中这种电流场特征仍能实现贴合面前沿具有集中加热的效果和保证熔核的正常生长，但其熔核突点形成与电流密度和时间域关系明显不同于电阻点焊。

此外，电阻缝焊过程中已焊位置对焊接区不仅存在缓冷作用，还存在预热作用和分流作用，由于受多种作用的影响，电阻缝焊时需要的电流往往比点焊时大，这就更进一步促进了待焊点的预热效应，尤其是沿焊接方向的金属预热温度要比点焊时高，而已焊点因分流电流的缓冷作用温度比前沿更高，焊缝形成前低后高的不对称温度分布状态，这一切都使电阻缝焊时的温度场比点焊时要复杂得多。

综上所述，窄搭接电阻缝焊的焊接参数对焊接质量的影响很大，决定了其焊接性远比点焊复杂，由于焊轮压力一般由机械装置提供，变化不会太大，而焊接点温度的控制是焊接质量控制的核心。焊接温度决定了焊缝组织形态，影响焊接质量。通过对焊接温度场的检测可以间接反映焊接质量。

2.2.4　焊接智能控制

焊接智能化技术是综合的系统集成技术，就窄搭接电阻缝焊技术而言，包括采用智能化途径进行的焊接工艺设计、过程建模、传感与检测等。由于电阻缝焊的多变量、多耦合作用，已建立的一些数学模型只是针对一种或几种参数建立的，难以建立适应性更强的多参数综合数学模型；相对于材料科学的很多其他领域，数值模拟与计算的在线检测和监测的研究应用还较少，工程应用中参数仍然以经验数据为主，科学的数值模拟和少量的试验验证相结合的方法是焊接过程研究最有效的工具，将数值模拟、试验研究与工程应用相结合，通过模拟和计算预测焊接质量有重要意义。

BP 神经网络具有 sigmoid 隐层以及线性输出层，具有很强的自学习能力、自组织能力、容错与自修复能力、图像识别与检索能力等，因而在焊接领域得到广泛应用，目前主要体现在焊接接头性能预测与监控、焊接工艺参数设计、焊缝成形控制、焊缝跟踪以及焊接缺陷的检测 5 个方面。其中对不同焊接规范焊后接头力学性能的准确预测一直是困扰焊接领域的难题之一。由于焊接过程的严重非线性和焊材中多种成分的复杂交互作用，使得对接头力学性能的准确估算成为十分困难的问题。实际生产中往往需要做大量的焊接工艺评定，消耗大量人力物力，延长了生产周期。近年来，人们在焊接接头力学性能预测方面应用了 BP 神经网络技术，取得了很好的效果。比较成功地为采用 BP 神经网络非线性映射功能和 GA 全局寻优方法的基础上提出了综合利用回归正交表、人工神经网络及遗传算法，在所有可能的焊接工艺参数范围内自动搜寻最佳工艺参数的方法，研究比较了不同种群大小、不同交叉概率对精度及效率的影响。据说该方法具有适应性广、可靠性高的优点，可以大大减少试焊次数。

从近 20 年来国内外 BP 神经网络技术在焊接领域中的应用状况来看，采用 BP 神经网络技术进行焊接工艺参数的选择应用最广泛，理论成果和工程实践结合较好，技术较为成熟，在生产实际中取得了巨大的经济效益和社会效益。

2.3　冷轧带钢连续热镀锌的焊接技术

现代化的带钢连续热镀锌工艺与古老传统的单张板热镀锌相比，最大的特点就是生产的连续性，这为镀锌机组产能的发挥、产品质量的提高、成本的控制提供了保障。可以说，能够实现带钢热镀锌的连续性是整个镀锌工艺技术中质的飞跃。窄搭接电阻缝焊机是冷轧带钢热镀锌机组中最重要的设备之一，它的功能是保证开卷机在换卷过程中，在较短的时间内完成先行钢卷的带尾与后行钢卷带头的焊接，从而实现机组的连续生产。冷轧带钢连续热镀锌开卷及焊接工艺流程如图 2-10 所示。

在离线状态下将两块钢板搭接焊在一起似乎不是一项多么复杂的操作，但是，对于生产节奏较快的带钢连续热镀锌生产线，要在非常短的时间内焊好，而

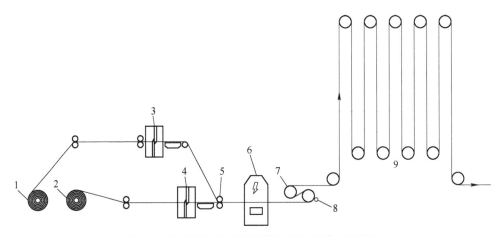

图 2-10   冷轧带钢连续热镀锌开卷及焊接工艺流程

1—1 号开卷机；2—2 号开卷机；3—1 号切断剪；4—2 号切断剪；5—并线平台夹送辊；
6—焊机；7—张力辊；8—压辊；9—入口活套

且还要保证焊缝在后序张力作用下不断裂，则是一项艰难而复杂的工作。带钢连续热镀锌机组对焊接技术的基本要求如下所述。

（1）焊接效率高。从带头带尾剪切到整个焊接过程结束，带钢重新建张投入运行，必须在很短的时间内完成，一般在 2min 以内，因此，焊接效率要求很高。

（2）焊缝强度高。为了保证焊缝在后序运行中不至于发生断带事故，必须保证焊缝的强度，一般要求焊缝强度略高于基板强度。

（3）焊接成功率高。因为活套缓冲带钢的能力有限，允许的焊接时间很短，如果一次焊接不成功，重新焊接势必会耽误更多的时间，将严重影响机组的稳定性，因此，焊机的各项参数必须准确，焊接一步到位。

2.4   窄搭接电阻缝焊机

2.4.1   窄搭接电阻缝焊机的工作原理

窄搭接电阻缝焊机是冷轧带钢热镀锌机组生产中用于钢卷头尾焊接的重要设备，如图 2-11 所示。其主要作用是通过给搭接处带钢通以较大的电流使带钢接触面上发热，温度升高，直至达到带钢的熔点，使带钢接触面局部熔化，并在一定的碾压力作用下熔为一体，冷却以后达到或略高于带钢基材的强度。因其焊接速度较快，设备成本较低而被广泛用于生产速度要求不高的带钢连续热镀锌、带钢连续退火、重分卷和冷轧板硅钢线中，一般在 200m/min 以内。由于机组生产作业连续性的要求，焊接质量的好坏接影响到机组生产的正常运行。

图 2-11 典型的冷轧带钢热镀锌窄搭接电阻缝焊机

扫一扫查看彩图

对于带钢连续热镀锌生产线，焊机的功能是保证开卷机在换卷过程中，在较短的时间内完成先行钢卷的带尾与后行钢卷带头的焊接，从而实现机组的连续生产，在焊接过程中，当一个钢卷即将运行完毕时，带尾停留在焊机中部，出口夹钳夹住带尾，下一个钢卷的带头由剪前夹送辊送至焊机中部，由入口夹钳夹住。焊机入口活套辊将带头挑起形成一个小活套，剪切机将上一卷带尾及下一卷带头依次进行剪切，出口夹钳向上翘起形成一个小角度，然后入口夹钳将带头向焊机平移适当距离，同时自动对中，出口夹钳恢复原位，带头与带尾进行搭接。通电后的焊轮沿搭接处滚动焊接，同时，由碾压轮紧跟其后将焊缝压平，焊轮及碾压轮抬起并复位，随后冲孔，入口及出口夹钳打开，焊接完成。整体上窄搭接电阻缝焊机的工作顺序为：带尾准备—带头准备—调整搭接量并焊接—修磨焊轮。

2.4.2 窄搭接电阻缝焊机的控制系统

冷轧带钢热镀锌线常用的窄搭接电阻缝焊机主要由电气控制系统和两剪刀的液压传动系统组成，其焊接速度、电流大小、返程速度可实现无级调速，操作人员则根据不同规格的工艺需要来自动或手动选择合适的参数。焊机自带一副焊轮，焊轮与变压器次级回路连接，焊接过程为焊轮从带钢的操作侧到驱动侧滚动碾压并通以电流，搭接处带钢由于接触电阻较大，产生热量较多，发生熔化而焊接在一起。典型的冷轧带钢热镀锌生产线窄搭接焊机主体设备包括焊接移动架（C形架）、剪切机、焊接头装置、焊缝碾压装置、冲孔装置、出入口夹紧装置、出入口活套辊装置、焊轮修磨装置及边部月牙剪装置等，电流形式为六相直流电，焊接电流范围一般为 12~35kA，搭接量调节范围 0~6mm。焊机配有可编程逻辑控制器，用于控制焊机及其出入口装置（如对中装置、活套辊和月牙剪等）。产品数据和连锁信号通过 PLC 传递。与生产线的接口连接是通过焊机 PLC 与生产线 PLC 和以太网的 SLAVE 连接实现的，生产线的 PLC 为主 PLC，焊机的 PLC 为从属 PLC。以太网结构如图 2-12 所示。

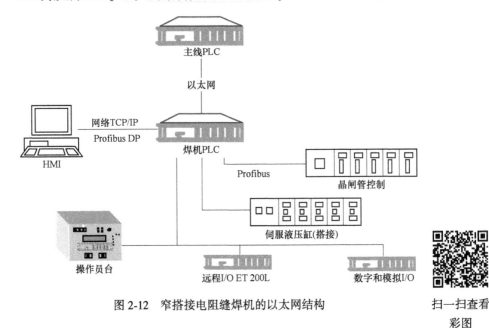

图 2-12　窄搭接电阻缝焊机的以太网结构　　扫一扫查看彩图

　　焊机 PLC 从主线 PLC 接收产品数据（厚度、钢种、宽度、卷数量）并生成焊接报告，基本作用是：显示生产线发送的产品数据；操作工可以修改产品数据；自动选择与焊接产品相关的焊接参数（焊接电流、焊接速度、焊接压力、碾压力、电机侧搭接量、操作侧搭接量等）；显示故障和不足的条件；显示每次焊接完成后的焊接报告；焊接参数的趋势；一些 HMI 屏幕的参考信息。

　　焊机 PLC 完成焊机顺序控制和逻辑控制，焊接电流是根据所生产的原料规格的基本数据来设定的，如原料厚度、钢种等，焊接条件数据库来自操作工直接输入的钢卷信息或来源于工控机二级机的输入信号，当控制器接收到钢卷信息时，焊机控制器自动调用焊接电流、搭接量、焊轮压力等参数来对带钢进行焊接，但由于各钢种成分有差异，这对焊接参数的要求也不同，因此需要在焊机调试时对不同钢种进行多次焊接试验，并对采集的焊缝试样做杯凸试验来确定合适的焊接参数，从而完善焊接条件数据库，这样正常生产时可根据来自生产线 PLC 的钢卷信息自动调用焊接参数，焊接完成后，在操作画面上显示的焊接曲线图可直观地反映各焊接参数值，同时将焊接参数的实际反馈值显示在数据库中，操作人员根据焊接参数表来判断焊接质量，如果焊接电流的实际值与设定值的偏差量大，超过电流偏差允许范围，那么焊机控制器会自动显示出焊接电流不合格的报警信息，并给出重新焊接的提示信息，如果焊接曲线上显示的实际值与设定值相符，那么就认为焊接过程中焊接参数的输入是准确的，显示焊接曲线没问题，焊机控制器会自动输出此次焊接质量合格的信息。

窄搭接电阻缝焊机的焊接过程非常复杂，大量参数难以量化，受很多不确定性因素的干扰，在实际操作中往往需要根据经验来做出决定，由于专家系统（ES）的自身特点，在解决焊接问题时取得了较好的效果，显示了其优越性，曾在焊接领域得到了广泛应用。但是，传统的专家系统技术存在知识获取困难、自学习能力差以及"知识窄台阶"等问题，在解决焊接工艺参数设计时显露出其弊端，自动焊接效果不佳，限制了它在焊接领域的进一步应用和发展，因此，焊接工艺参数的优化设计方面急需一种新的模型技术。人工神经网络（ANN）技术因能模拟人脑的并行信息处理方式以及具有独特的自组织、自学习、快速处理、高度容错及很强的非线性函数逼近能力，成为处理非线性系统的有力工具，在焊接领域得到了越来越多的重视。

2.4.3 窄搭接电阻缝焊机常见故障及原因分析

焊机是热镀锌机组中最重要的设备之一，如果焊机出现故障，整个热镀锌机组立刻瘫痪，所以，焊机能否正常焊接对热镀锌机组的稳定运行起着决定性的作用。如何提高焊接效率，保证带钢热镀锌的连续化作业要求，防止因焊机故障而造成的停机事故的发生，有效提高热镀锌机组的作业率，成为当今热镀锌研究人员关注的重点。

抽尾、甩尾是冷轧带钢热镀锌生产线窄搭接电阻缝焊机最常出现的故障，因抽尾会造成入口活套失张而停机，而甩尾会造成焊偏，焊偏的焊缝在运行至活套内时极易与框架刮蹭而发生断带事故，如果在退火炉内断带，停机处理时间更长，影响更为严重。带钢撕裂后断口如图2-13所示。

2.4.3.1 抽尾

所谓抽尾是指在焊接前，上一个钢卷即将运行完毕时，其带尾本应运行至焊机处停留，以便于和下一个钢卷的带头进行焊接，但在实际生产中带尾却继续行走，通过焊机，错过与下一钢卷焊接的最佳位置，有时甚至通过焊机后张力辊，抽入活套，引起入口活套失张而发生被迫停机的事故，一旦发生此类事故必将产生大量停线废品，给生产带来巨大损失。

曾在一段时间内，某厂热镀锌线窄搭接电阻缝焊机频繁发生抽尾事故，检查焊机设备运行正常，焊机参数设定也正常，这一故障曾一度困扰着生产，经过长期现场研究分析，发现这一问题是由于卷取机卷长、卷径数据发生混乱使焊机控制模式错误造成的。

图 2-13 带钢撕裂后断口

扫一扫查看彩图

A 原料卷卷径计算不准确

在焊机调试期间，操作工习惯将带头碎断长度设定较长距离，以防止带头镰刀弯缺陷造成焊偏，这使得切头后的带钢实际卷径小于原始卷径，但实际上入口段 PLC 系统仍按原始卷径计算开卷机转速和剩余带尾长度，利用原始卷径计算出的带尾长度一定和实际带尾长度存在偏差，这必然导致入口段自动停车和焊机准备时间不准确。当上一钢卷运行即将结束时，正是由于带尾计算值与实际值有偏差，焊机二级机认为带尾长度还足够长，所以未进入焊接准备阶段，但实际上带尾长度已经为零，此时开卷机和焊机均未得到焊接准备信号，带尾继续高速运行，穿过焊机而不停止，从而导致抽尾事故发生。

B 原料卷内径设定错误

带钢连续热镀锌用原料卷内径一般有 610mm 和 620mm 两种，如果操作时将开卷机的卷径设定错误，就会引起 PLC 系统计算失真，利用有误差的卷径计算出的开卷机转速设定值一定和实际转速有差别，极容易出现带尾长度计算值与实际值有偏差，从而造成抽尾事故。

C 带尾长度设定不足

在实际生产中这一影响因素极容易被忽略，当开卷机上的实时卷径小于一定值，入口段将减速为停车分切做准备，同时，根据实时卷径计算出的剩余带钢长度决定了入口段的停车剪切时间。如果入口段得到降速停止信号并为焊接做准备时，设定的剩余带尾长度过短，此时机组速度越高，焊接时带钢由高速到停止所需的时间就越长，带钢移动的距离也越长，当移动的距离超过带尾设定长度时，就会发生抽尾事故。另外，当生产厚规格带钢时，由于活套张力较大，当即将焊接时，带尾行走到焊机过程中，在活套张力的作用下极容易抽入活套，出现抽尾事故。

D　入口段光电检测开关（切断剪处、并线平台处及焊机前）和切断剪
　　关闭信号丢失

这主要是由于检测开关表面积有灰层或不规则带头将检测开关撞击变形而偏离正常检测位置所致，这种情况出现的可能性较小，但一旦出现这一故障，很难排查。

2.4.3.2　甩尾

实际生产中经常会遇到这种情况，在焊接前，上一个钢卷即将运行完毕时，带尾在行走至焊机的过程中，剧烈摆动，且明显向一侧跑偏，等到达焊机处时已严重跑偏，即使采用焊机自动对中装置也无法有效对正，在这种情况下，如果直接焊接，必然出现图 2-14 所示的结果，一种为错边焊，另一种为对角焊，不管

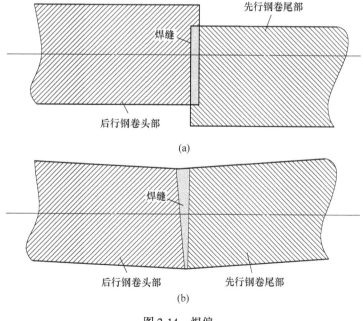

图 2-14　焊偏
（a）错边焊；（b）对角焊

哪种情况，焊偏的焊缝在后序运行过程中极容易跑偏，与机架剐蹭而发生撕裂焊缝的断带事故。在实际生产中，厚规格带钢发生甩尾的概率远大于薄规格。

A 原料问题

冷轧原料的带头和带尾存在较严重的镰刀弯缺陷，但这种缺陷却不易被发现，这是因为在准备焊接前由于开卷机为带尾提供后张力，使带钢在穿过直头机后一直保持在轧制中心线上，正是由于带钢后张力的存在，即使带尾有镰刀弯缺陷，跑偏也不明显，但是，当即将焊接时，带尾脱离开卷机，由开卷机行走到焊机过程中并没有后张力，带尾对中不受控，镰刀弯缺陷充分暴露出来，向一侧跑偏，从而发生甩尾现象。

B 设备问题

为了将带尾准确导入焊机，需要由焊机后的张力辊压辊提供驱动，如图 2-15 所示，但是，压辊两侧压下气缸的压力经常不一致，或一侧有卡阻，使带钢两侧的间隙不同，造成压辊两侧摩擦力不一致。如图 2-16 所示，当两侧气缸压力一致，都为 N_1 时，带钢两侧摩擦力相等，带钢沿轧制中心线运行，但是，当两侧气缸压力不一致时，即 $N_1 > N_2$ 时，带钢 A 端与压辊充分接触，B 端与压辊接触少或不接触，带钢两侧 A 侧摩擦力大于 B 侧摩擦力，导致带尾在行走到焊机过程中向摩擦力小的 B 端跑偏。由于厚度 $h > 1.0\mathrm{mm}$ 的厚规格带钢较薄规格带钢更易与压辊充分接触，所以，当两侧摩擦力不一致时，厚规格带钢更易发生甩尾事故。

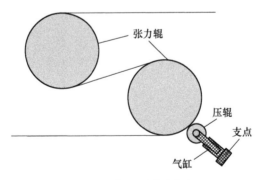

图 2-15 焊机后张力辊组

2.4.4 窄搭接电阻缝焊机故障的预防措施

针对以上对焊接抽尾、甩尾故障的原因分析，为了提高焊接效率，重点从工艺和设备方面进行优化调整，以解决问题。

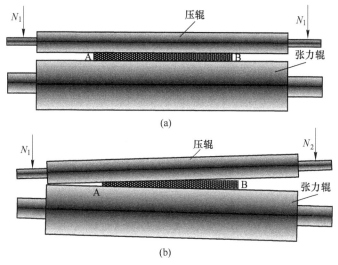

图 2-16 张力辊压辊两侧压力大小对辊缝形状的影响
（a）两侧气缸压力一致；（b）两侧气缸压力不一致

扫一扫查看彩图

2.4.4.1 工艺优化及控制

A 电气自动化系统的优化

开卷机的电气自动化 PLC 系统对卷径信息的控制精度直接决定了焊接时间的准确性，因此，必须精确控制卷径和带钢长度。优化入口段 PLC 系统程序进行实时卷径计算，可以有效测定开卷机转速和剩余带尾长度。另外，当生产厚规格带钢时，尽量减少带头碎断长度，避免实际卷径与原始卷径相差太多。

B 参数控制

即使再精确的卷径测量系统也一定存在误差，生产中要注意监视卷径计算值与实际值的一致性；为了避免卷径数据发生错误，在焊接前有必要核对一级机和二级机卷径是否一致。

C 活套张力的优化

为了防止在焊接时由于活套张力太大出现抽尾故障，焊接厚带时可将活套张力系数适当降低 0.1~0.2，待焊接成功后再将活套张力系数恢复到原设定值。焊接操作前也可手动调整入口段速度，平缓减速和停车。实践证明，在焊接前，及时调整活套张力能够很好地解决此类问题，可以大大减少抽尾概率。

D 原料检查

原料缺陷对焊接影响非常大，但却不容易被重视，上料前必须检查带头是否有严重的镰刀弯、中浪、边浪等缺陷，如果这部分缺陷长度较短，可以在开卷后的切头、切尾中碎断，使带头干净、平直，如果缺陷长度较长，则应避免进入生产线。

2.4.4.2 设备调整

A 张力辊压辊的调整

为了防止焊机后张力辊压辊两侧摩擦力不一致造成甩尾，可对压辊两侧气缸的运行状态实时监控，当两侧气缸压力不一致时，通过调整压缩空气管道的压力控制阀可以保证两侧气缸压力一致，当生产厚度 $h>1mm$ 带钢时，需保证辊面与带钢有较大的摩擦力，可适当增加气缸压力。当生产厚度 $h \leqslant 1mm$ 带钢时，要适当减少气缸压力，这是因为生产薄带时活套张力较低，压辊与带钢表面不需要太大的摩擦力。另外，当气缸压力太大时，由于辊缝较小，极容易造成压辊卡阻，更不利于甩尾事故的控制。如果是气缸漏气或有卡阻现象，在停机检修时可对压下气缸进行维护，确保两侧气缸压力一致。

B 焊机出口活套辊的调整

当带尾搭接量不够，且焊机出口活套辊处带钢出现被拉平状况时，可及时反转焊机后张力辊，使带尾向后运行适当距离，给焊机出口夹具调整搭接量留有足够长度的带钢，然后再进行焊接操作。

C 设备维护

入口段几乎每个切断剪、夹送辊前都有光电开关或接近开关，而由于开卷过程中设备震动较大，这些电气元件极容易失灵，所以在日常点检时，必须检查切断剪和焊机光电检测开关是否正常，不能有积灰、偏斜等现象。

2.5 焊接质量的判定方法

焊缝质量的好坏直接决定机组能否正常运行，因此，焊缝质量判定非常重要，窄搭接电阻缝焊的质量取决于焊接参数的准确性以及带钢质量的稳定性（表面洁净度、厚度、粗糙度等）。对于不是焊接工艺本身的原因，就不能100%的保证焊缝质量，这时焊机就必须设立焊缝质量检查步骤。

2.5.1 离线检测法

　　冷轧带钢连续热镀锌的原料卷都是冷硬板，冷硬板和退火板的焊接接头力学性能有较大不同，冷硬板的焊缝脆硬性更大。对于冷轧带钢连续热镀锌生产，焊接参数是否合适直接决定焊接质量，焊缝质量及力学性能将直接影响后续机组的运行，最安全可靠的检测方法为离线检测，离线检测方法有焊缝的拉伸试验和杯凸试验，拉伸试验是最原始、最简单的检测方法，是在焊缝处取一块尺寸合适的拉伸试样，如图 2-17 所示，磨平两侧毛刺，在拉伸试验机上拉伸，如果断裂部位是基板，那么说明焊缝质量合格，如果在焊缝处拉断，说明焊缝抗拉强度低，质量不合格，这种方法测定较准确，但缺点是烦琐，试验时间长，因而企业一般不用此方法。相比之下，杯凸试验要简单得多，杯凸试验机如图 2-18 所示，将切月牙的焊接区域沿焊缝线做 3 点杯突试验，根据其断裂形态做出判断，当断裂与焊缝方向在同一条线上时，说明焊接区域抗拉强度小于基材，焊缝不合格，当裂纹方向与焊缝方向垂直时，说明焊接区域抗拉强度等于或大于基材，焊缝合格，如图 2-19 所示。

图 2-17　拉伸试样

扫一扫查看彩图

图 2-18　杯凸试验机

扫一扫查看彩图

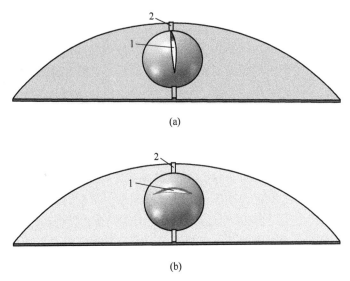

(a)

(b)

图 2-19　杯凸实验

（a）裂缝与焊缝方向一致；（b）裂缝与焊缝方向垂直

1—裂缝方向；2—焊缝方向

2.5.2　停机锤击测试法

　　焊缝质量的离线检测法虽然精准，但周期长，无法满足节奏较快的冷轧带钢热镀锌生产，仅在调试新品种冷轧板前期进行焊接质量检验，当生产较稳定时一般采用更简便的方法，其中应用最广泛的是锤击测试法，冷轧带钢热镀锌线焊接完成后设置了检查台供操作检查，锤击后若无开裂现象，则证明焊缝质量良好，可放行，如图 2-20 所示。但这种方法是有损检测，而且准确性较差，不能保证

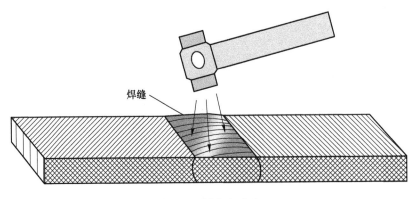

焊缝

图 2-20　锤击实验法

扫一扫查看
彩图

焊缝在后续工序运行时不断带，除此之外，这样做还要花费几十秒的时间，而且对操作工来说是件费心费力的事情，因此，一般很少将锤击测试焊缝的方法作为判断焊接质量的唯一依据。

2.5.3 在线自动检测法

由于经验法的准确性差，而离线检测的时间又太长，先进的在线检测技术应运而生。在线检测的基本原理是对焊接过程的温度曲线跟踪，窄搭接电阻缝焊是一种压力焊接法，带材在被压紧的同时，被通入了电流，带材本身的电阻和接触面的集中电阻将产生热量，搭接处带材熔化而焊接起来。焊接点的温度是影响焊接质量的最关键因素，焊接点温度的控制是焊接质量控制的核心，而且不同规格或焊接参数的带钢，检测出来的焊接温度也不同。通过对焊接温度场的检测，可以间接反映焊接质量。由于焊接时焊接点是高速运动的，因此必须采用非接触测量的方法，如当前应用较广泛的焊接质量热态控制系统就是采用目前较为先进的红外辐射检测焊接点温度。

由于热量可反映焊缝金属区域的大小或焊缝质量的好坏，该方法是在尽量靠近带钢和焊轮接触处的位置测量区域面积的温度，如图 2-21 所示。

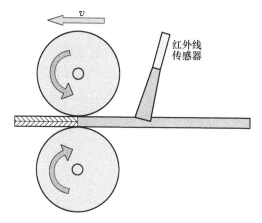

图 2-21　焊缝热诊断示意图　　　　扫一扫查看彩图

为了确保所检测的区域尽可能地靠近带钢和焊接接触区域，系统配置了 1 个与传感器的分开布置的光学装置。传感器为二色、双波长型式，这样带钢表面的发射率不会影响测量结果。选择和定位镜头时，要使点的直径约为 10mm。信号处理模式可使焊缝质量分为 4 类：焊接温度 $T>T_{max}$ 或 $T<T_{warning}$，焊缝质量有问题，需重新焊接；$T_{warning} \leqslant T \leqslant T_{min}$，在发送前需锤击测试；$T_{min} \leqslant T \leqslant T_{max}$，无飞溅，为合格焊缝，无须锤击测试；若飞溅焊缝，需目视检测，图 2-22 为某规格带钢在正常焊接时的温度曲线。

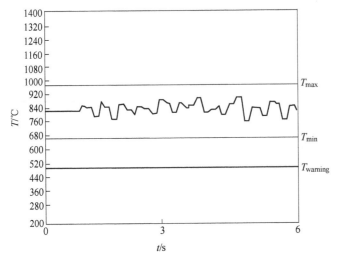

图 2-22 传递到工控机上的焊缝温度曲线

扫一扫查看彩图

2.6 窄搭接电阻缝焊常见缺陷及关键控制技术

窄搭接焊机因具有成本低、焊接效率高、产品质量稳定及易操作、维护等优点，在带钢连续热镀锌、连续退火及冷轧硅钢连续生产线中普遍应用，焊接质量的好坏对机组的稳定运行起着决定性作用，由于热镀锌生产线的停机故障大多由焊接引起，因此，焊接工序往往成为整个热镀锌生产线的薄弱环节。

2.6.1 错边缺陷的产生原因及预防措施

在实际生产过程中，经常出现错边缺陷，如图 2-23 所示，该缺陷是热镀锌焊接过程中最常见而又难以解决的缺陷之一。由于带钢连续热镀锌焊缝为工作焊缝，在后序运行中受全线张力的拉伸作用，错边焊缝会在通过纠偏检测装置时，纠偏辊突然大幅度纠偏，焊缝的错边部分与框架刮擦，从而撕裂焊缝造成断带，如图 2-24 所示。错边跑偏造成的焊缝撕裂断带事故是热镀锌生产线最常见的生产事故之一，严重影响机组作业率和产品质量。

2.6.1.1 产生原因

甩尾是造成错边的一个主要原因，在实际生产过程中，一般只要发生甩尾就会出现错边缺陷。这是因为甩尾部分的带钢在行走至焊机处时已严重跑偏，带尾和下一卷的带头不在轧制线上，即使采用焊机自动对中装置也无法有效对正，从而在焊接时发生错边，错边的焊缝在后序运行过程中极容易跑偏而发生撕裂焊缝的断带事故。实践证明，随着带钢厚度的增加，发生甩尾的概率逐渐增加。

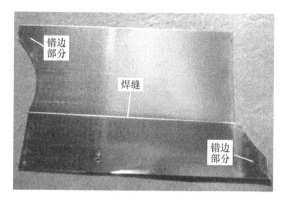

图 2-23 错边

扫一扫查看彩图

图 2-24 焊缝错边后撕裂断口

扫一扫查看彩图

A 原料镰刀弯

当冷轧原料带头和带尾存在较严重的镰刀弯缺陷时，极容易造成热镀锌生产线的焊接错边缺陷，但原料镰刀弯缺陷不易被发现，这是因为在准备焊接前由于开卷机为带尾提供后张力,使带钢在穿过直头机后一直保持在焊机中心线上,正是由于带钢后张力的存在,即使带尾有镰刀弯缺陷,跑偏也不明显,但是,当即将焊接时,带尾脱离开卷机,由开卷机行走到焊机过程中并没有后张力,带尾对中不受控,镰刀弯缺陷充分暴露出来,向一侧跑偏,从而发生甩尾现象。

B　设备问题

为了将带尾准确导入焊机,需要由焊机后的张力辊压辊提供驱动,但是,压辊两侧压下气缸的压力经常不一致,或一侧有卡阻,使压辊两侧辊缝的间隙不同,造成压辊两侧辊面对带钢的摩擦力不一致。气缸压力较大的一侧摩擦力较大,气缸压力较小的一侧摩擦力较小,导致带尾在行走至焊机过程中向摩擦力小的一侧跑偏。

C　其他原因造成的错边

错边的产生原因复杂多变,除了甩尾可以发生错边,原料卷上偏也是造成错边缺陷的重要原因。虽然开卷机有一定的纠偏作用,但原料卷在吊运至鞍座和运行至芯轴过程中,极容易偏离中心线,当原料卷跑偏严重时,超出开卷机的允许纠偏范围,必然造成带头跑偏,跑偏的带头与前一卷带尾进行焊接,也将发生错边缺陷。

2.6.1.2　关键控制技术

根据上述对错边缺陷的产生原因分析可知,窄搭接电阻缝焊错边缺陷主要是由于甩尾、原料镰刀弯、焊机后压辊压力不一致等原因造成的,因此,针对性地从工艺和设备方面进行改造调整,以控制错边缺陷。

A　原料镰刀弯缺陷控制

原料镰刀弯对焊接影响非常大,但却不容易被发现,上料前可通过检查钢卷侧面平直度的方式来初步判断是否有镰刀弯缺陷,另外,如果发现卷芯处或卷尾处有较明显的塔形缺陷或层错现象,也可以判断钢卷具有镰刀弯缺陷,如果这部分缺陷长度较短,可以在开卷时利用切断剪将缺陷部分的带头剪切掉,使剩余带头平直,如果缺陷长度较长,则坚决杜绝进入生产线,必须退料。

B　原料卷对中及甩尾问题

原料卷上偏问题不容忽视,必须在焊接之前就要精确对中,如吊车在上卷时必须将钢卷放置在鞍座的中心位置,上卷至芯轴时要保证钢卷中心线与焊机中心线一致,开卷结束后要调整带头与焊机中心线一致,并检查 HMI 上开卷机纠偏值在是否正常范围内。如果是张力辊压辊两侧气缸压力不一致，可以按照甩尾的处理办法处理。

　　C　设备改造

　　窄搭接电阻缝焊机自动对中装置的纠偏量为±150mm，当带头、带尾跑偏超出焊机最大纠偏量时，焊机自动对中装置无法有效发挥作用。为了解决这一疑难问题，在焊机对中装置之前设计一简易的手动对中装置，对中装置如图2-25所示。当带头、带尾跑偏严重时，在焊机出入口夹紧装置动作之前，可以采用手动对中装置将带钢边部对齐。改造后的对中装置操作简便，使用灵活，极大地提高了焊接质量。

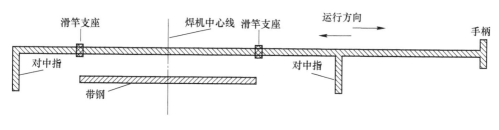

图 2-25　对中装置（正视图）

2.6.2　未焊透缺陷的产生原因及预防措施

　　在各种焊缝质量问题中，未焊透缺陷造成的焊缝强度不合格问题是导致断带停机事故的主要原因之一。产生未焊透缺陷的原因复杂多变，有时在焊接参数输入正常和焊机设备正常的情况下，仍然出现此缺陷，传统方法采用增加焊接电流对未焊透缺陷进行预防，能起到一定的效果，但焊接电流过大容易烧损焊轮，而且在生产规格频繁变换的时候，出错率高。在实际生产中，未焊透缺陷仍是困扰生产的技术难题。

2.6.2.1　未焊透缺陷的原因分析

　　由上面的分析可知，焊接电阻是影响焊接温度的关键因素之一，而搭接量的多少直接决定了焊接电阻的大小，搭接量不足时，焊接电阻低于正常值，使得焊接温度低于搭接处带钢熔化时的极限温度下限，焊接温度不足以使搭接处带钢充分熔化，就会出现未焊透缺陷。未焊透缺陷必然造成焊缝强度不合格，因而是最影响焊接质量的缺陷，由于其强度远低于母材，即使在后续没有跑偏的情况下，在张力的作用下，极容易发生断带事故，严重影响机组作业率和产品质量。由于此类缺陷肉眼不易观察到，一般通过弯曲试验或杯凸试验等离线检测方法进行检测，但对于生产节奏较紧张的带钢连续热镀锌生产来说，这种缺陷难以被及时准确的判断。

A 焊轮位置

搭接动作发生在带头剪切之后，当平移液压缸搭接量出现问题时，会造成搭接量不足，形成对焊而不是要求的搭接焊，使得焊接温度低，这种现象是造成实际搭接量小于焊机搭接量输入值的最主要原因。

在焊轮位置正常时，上焊轮的底部母线与夹具上颚底部的耐磨板水平高度相当，实际搭接量 L_1 与焊机设定搭接量一致。但是，当焊轮位置靠下时，特别是新更换焊轮后，上焊轮底部母线高度偏离焊接中心线，如图 2-26 所示，此时，工控机 HMI 上设置的搭接量正常，但实际搭接量 L_2 却远小于焊机设定搭接量，在这种情况下，如果一味地增加焊机电流输入值，不仅不能很好地解决未焊透缺陷，还会导致回路中电流过大而烧损焊轮。

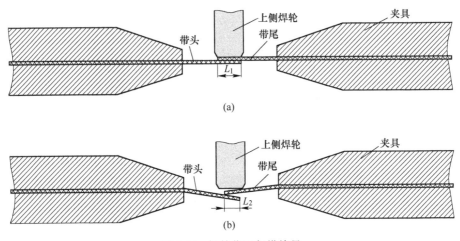

图 2-26 焊轮位置与搭接量
(a) 焊轮位置正常；(b) 焊轮位置靠下

B 焊机后活套辊

在焊接过程中，由于活套张力过大，焊机出口活套辊处的带钢被拉平，造成出口夹具无法旋转，出口夹具处的带尾端部的带钢偏离焊接中心线，导致搭接量无法调整，使得搭接量不足，当生产厚规格带钢时极容易出现此类故障。

除此之外，凡是影响焊接温度的因素都可能引起未焊透缺陷，如带头实际厚度、表面清洁度、板形平整度及设备问题等。

C　原料缺陷

带头厚度正偏差及板面油污、锈斑、凹凸不平等将严重影响焊接电流的大小或稳定性，造成沿焊缝方向的焊接温度太低或不均匀，从而造成未焊透缺陷。

a　带头厚度正偏差

理论上讲，不同规格的带钢焊接参数一定不一样，而且每一种规格的带钢只对应一组焊机参数，可是，由于热轧板带头带尾的冷却速度较快，变形抗力大，一般来说，热轧板的带头带尾厚度要大于中间厚度，进入冷轧生产线后，受冷轧机组弹跳系数的影响，仍然会出现冷轧板头和尾厚度大于中间的现象，如冷轧板规格为 0.56mm×1250mm，其头和尾厚度可达到 0.6mm。这种偏差会给焊机参数的设定带来严重误导，如果按照 0.56mm×1250mm 规格设定焊机电流，一定会造成焊接温度太低不足以充分熔化搭接处带钢，从而导致未焊透缺陷的产生。

b　冷轧板表面油污

冷轧板面残留的轧制油、乳化液等油污是影响焊接质量的另一重要因素，油污造成的焊缝搭接处如图 2-27 所示。板面油污将严重影响接触电阻，会使电流分布不均匀，从而影响焊接时热量的大小，焊缝在焊接热量较低的相应位置出现未焊透缺陷，这也是在工控机上显示焊接温度曲线波动的主要原因。

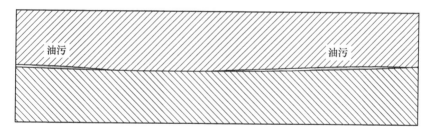

图 2-27　焊接处板面油污

c　板形不良

如边浪，中浪，凹坑等板形问题，如图 2-28 所示，一定会造成搭接处的接

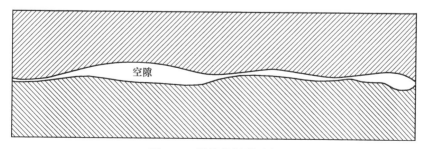

图 2-28　焊接处板形不良

触电阻不稳定，正是由于这种接触电阻的波动影响了电流的恒定，也会影响焊接温度曲线的波动和热量的波动，导致焊缝出现不规则的未焊透缺陷。

d　焊轮损耗

焊轮在焊接过程中不断被消耗，焊轮表面结渣或出现熔沟现象。当焊轮熔沟深度达到一定值时，就无法熔化搭接部分的带钢，造成焊接温度低，从而出现未焊透缺陷。

2.6.2.2　未焊透缺陷的调整

针对以上对影响搭接焊未焊透缺陷的因素分析，重点从工艺和设备方面进行调整，以预防该缺陷。

A　原料缺陷的控制

带头厚度正偏差、板面油污、锈斑及中浪、边浪等缺陷具有一定偶然性，一般不容易被重视，但对焊接质量影响非常大。因此，在上料前有必要检查原料缺陷，如果这部分缺陷长度较短，可以在开卷时进行切头碎断，使剩余带头干净、平直，如果缺陷长度较长，则坚决杜绝进入生产线，必须退料。

B　焊轮位置的调整

a　焊轮修磨及更换

随着焊接次数的增加，焊轮逐渐粘渣和磨损，当熔沟粘渣时要及时修磨焊轮，当焊轮直径变小，焊轮边缘逐渐偏离焊接中心线位置时，要及时调整焊轮位置，使焊轮母线高度与焊接中心线保持一致，当焊轮磨损严重时，即使未达到更换极限次数，也需及时更换焊轮。

b　调整焊轮高度和中心线

在每次焊接结束及更换焊轮后，都应该校正或重新标定焊轮高度，使焊轮母线高度与焊接中心线一致，另外，检修时有必要对修磨支架上的限位高度进行检查。

c　校正搭接量

在检修时，有必要检查实际搭接量与焊机设定值的一致性，一般可以通过更改平移液压缸的移动距离或 HMI 上的搭接量使焊机搭接量输入值与实际值保持一致。

d　焊机出口活套辊的调整

当带尾搭接量不够，且焊机出口活套辊处带钢出现被拉平现象时，可及时反转焊机后张力辊，使带尾向后运行适当距离，为焊机出口夹具调整搭接量留有足够长度的带钢，然后再进行焊接操作。

2.7 基于 BP 神经网络预报窄搭接电阻缝焊质量

窄搭接电阻缝焊过程的热影响区随着滚轮电极的旋转而不断移动，熔核彼此搭迭，形核过程处于封闭状态且无法观测，焊接参数及性能比点焊更加难以准确计算。数值模拟作为一种功能强大的分析手段，可以解决电阻缝焊领域中传统分析方法无法解决的问题。

2.7.1　BP 神经网络预测模型的构建

神经网络的训练过程是从给定的样本数据中归纳出输入、输出之间的复杂关系，为了能够准确地对系统进行预测，样本数据应尽可能地准确，且样本的涵盖面应尽可能包含问题的全部范围。所有的数据应尽可能相互独立。大范围的训练样本可以避免训练过度，过度训练是训练数据组没有代表全体数据普遍特征的反映。在 BP 神经网络学习算法训练中，样本数据是由样本输入和期望输出组成的样本对，输入时分别进行输入样本和目标样本（期望输出）的数据输入。

当然，在工程应用领域中，应用 BP 神经网络的好坏最关键的仍然是输入特征选择和训练样本集的准备，若样本集代表性差、矛盾样本多、数据太整齐、数据归一化存在问题，那么，使用多复杂的综合算法、多精致的网络结构，建立起来的模型预测效果不会多好。

2.7.1.1　样本采集与预处理

样本数据用的是从某热镀锌生产线现场采集到的全年的焊接工艺数据，钢种为 SGCC，将所采集的实时生产工艺数据，通过整理并存入建立的生产数据库中，焊接厚度规格（以下简称规格）范围为 0.31～2.26mm，如果对焊接规格从薄到厚做一个排序，将会有 135 种焊接规格，见表 2-1，包括了该厂窄搭接焊机所有的焊接规格，其中有的规格客户订单较多，生产较多，所以可供采集的样本就较多，达几百种，而有的规格客户订单较少，不常生产，可供采集的样本很少，只有几种，如果所有规格都作为输入样本，那么势必会出现部分规格由于样本太少而没有代表性，影响预报结果的准确性，为了能建立准确的预测模型，从中选取样本数较多且有代表性的四种规格厚度。

第一组：0.76mm×0.96mm

第二组：0.86mm×0.96mm

第三组：0.96mm×0.96mm

第四组：0.96mm×1.16mm

每一组规格随机抽取 20 组数据作为样本数据，四组规格共有 80 组样本数据全作为输入样本，其中，焊接时的规格厚度、电流设定、搭接量（操作侧和传动侧）、焊轮压力6个参数作为输入值，焊接温度作为输出值。将这四组焊接规格作为输入样本，预报第四组焊接规格0.96mm×1.16mm的焊接温度是多少，测试样本数据在输入样本之外。从焊接数据根据表中找出所有以上四组规格对应的数据制定表2-1。

表 2-1 焊接规格从薄到厚排序 （mm）

序号	带头厚度	带尾厚度	序号	带头厚度	带尾厚度	序号	带头厚度	带尾厚度
1	0.31	0.31	28	0.76	0.91	55	1.16	1.16
2	0.31	0.36	29	0.76	0.96	56	1.16	1.26
3	0.36	0.36	30	0.86	0.86	57	1.16	1.31
4	0.36	0.41	31	0.86	0.91	58	1.16	1.36
5	0.36	0.46	32	0.86	0.96	59	1.16	1.41
6	0.41	0.41	33	0.86	1.06	60	1.16	1.46
7	0.41	0.46	34	0.86	1.11	61	1.26	1.26
8	0.41	0.51	35	0.91	0.91	62	1.26	1.31
9	0.46	0.46	36	0.91	0.96	63	1.26	1.36
10	0.46	0.51	37	0.91	1.06	64	1.26	1.41
11	0.46	0.56	38	0.91	1.11	65	1.26	1.46
12	0.51	0.51	39	0.96	0.96	66	1.26	1.51
13	0.51	0.56	40	0.96	1.06	67	1.26	1.56
14	0.51	0.66	41	0.96	1.11	68	1.31	1.31
15	0.56	0.56	42	0.96	1.16	69	1.31	1.36
16	0.56	0.66	43	1.06	1.06	70	1.31	1.41
17	0.56	0.71	44	1.06	1.11	71	1.31	1.46
18	0.66	0.66	45	1.06	1.16	72	1.31	1.51
19	0.66	0.71	46	1.06	1.26	73	1.31	1.56
20	0.66	0.76	47	1.06	1.31	74	1.31	1.66
21	0.66	0.86	48	1.06	1.36	75	1.36	1.36
22	0.71	0.71	49	1.11	1.11	76	1.36	1.41
23	0.71	0.76	50	1.11	1.26	77	1.36	1.46
24	0.71	0.86	51	1.11	1.26	78	1.36	1.51
25	0.71	0.91	52	1.11	1.31	79	1.36	1.56
26	0.76	0.76	53	1.11	1.36	80	1.36	1.66
27	0.76	0.86	54	1.11	1.41	81	1.36	1.76

序号	带头厚度	带尾厚度	序号	带头厚度	带尾厚度	序号	带头厚度	带尾厚度
82	1.41	1.41	100	1.51	1.96	118	1.76	2.06
83	1.41	1.46	101	1.56	1.56	119	1.76	2.16
84	1.41	1.51	102	1.56	1.66	120	1.76	2.26
85	1.41	1.41	103	1.56	1.76	121	1.86	1.86
86	1.41	1.41	104	1.56	1.86	122	1.86	1.91
87	1.41	1.41	105	1.56	1.91	123	1.86	1.96
88	1.46	1.46	106	1.56	1.96	124	1.86	2.06
89	1.46	1.46	107	1.66	1.66	125	1.86	2.16
90	1.46	1.46	108	1.66	1.76	126	1.86	2.26
91	1.46	1.66	109	1.66	1.86	127	1.86	1.96
92	1.46	1.76	110	1.66	1.91	128	1.96	2.06
93	1.46	1.86	111	1.66	1.96	129	1.96	2.16
94	1.51	1.51	112	1.66	2.06	130	1.96	2.26
95	1.51	1.56	113	1.66	2.16	131	2.06	2.06
96	1.51	1.66	114	1.76	1.76	132	2.06	2.16
97	1.51	1.76	115	1.76	1.86	133	2.06	2.26
98	1.51	1.86	116	1.76	1.91	134	2.16	2.16
99	1.51	1.91	117	1.76	1.96	135	2.16	2.26

2.7.1.2 模型构建及样本训练

BP 网络是系统预测中应用特别广泛的一种网络形式，这里采用 BP 网络对焊接温度进行预报。根据 BP 网络的设计，一般的预测问题都可以通过单隐层的 BP 网络实现。由于输入向量有 6 个元素，所以网络输入层的神经元有 6 个，根据 Kolmogorov 定理，可知网络中间层的神经元可以取 16 个。而输出向量有 1 个，所以输出层中的神经元应该有 1 个。网络中间层的神经元传递函数采用 S 型正切函数 tansig，输出层神经元传递函数采用 S 型对数函数 logsig。这是因为函数的输出位于区间 [0，1] 中，正好满足网络输出的要求。

A 创建一个 BP 网络

threshold = [0 1;0 1;0 1;0 1;0 1;0 1];
net = newff(threshold, [13,1], { ' tansig ',' logsig ',' trainlm '});
threshold 规定了输入向量最大值 1 和最小值 0 。' trainlm '表示设定网络的训练函数为 trainlm。' tansig ',' logsig '为传递函数。[16,1]中间神经元是 16,输入有 1 个。

B 数据的归一化处理及样本训练

为了能够适应 BP 网络的输出,同时也为了减小权值调整幅度,加快训练网络的收敛性,必须进行归一化处理。归一化的主要目的是归纳统一样本的统计分布性。归一化在 (0~1) 之间是统计的概率分布,而在 (-1~1) 之间是统计的坐标分布。归一化有同一、统一和合一的意思。无论是为了建模还是为了计算,首先基本度量单位要同一,神经网络是以样本在事件中的统计概率来进行训练(概率计算) 和预测的,归一化是同一在 (0~1) 之间的统计概率分布;当所有样本的输入信号都为正值时,与第一隐含层神经元相连的权值只能同时增加或减小,从而导致学习速度很慢。为了避免出现这种情况,加快网络学习速度,可以对输入信号进行归一化,使得所有样本的输入信号其均值接近于 0 或与其均方差相比很小。

a=[3 5 6] %输入数据中 3、5、6 列归一化处理

fori=1:3 % 3 列输入参数需要归一化处理

$P(a(i),:) = (p(a(i),:)-\min(p(a(i),:)))/(\max(p(a(i),:))-\min(p(a(i),:)))$; % 输入数据归一化

end

$T = (t-\min(t))/(\max(t)-\min(t))$; % 输出数据归一化

如果采集的测试样本在训练样本以内,那么即使预测精度再高,该预测模型也只能在训练样本内适用,有较大的局限性,所以,为了验证该模型是否有很好的适应性,取用 5 组在训练样本以外的数据作为测试样本。

P_test=[0.96 1.16 22.1 1.07 2.14 1330;

0.96 1.16 23.2 1.07 2.14 1330;

0.96 1.16 22.0 1.30 2.14 1230;

0.96 1.16 22.0 1.07 2.04 1230;

0.96 1.16 22.0 1.07 2.14 1250]´; %测试样本数据

X=[1032 1080 1016 1051 1042]; %测试样本的实际温度

b=[3 5 6] %测试样本数据中 3、5、6 列归一化处理

fori=1:3% 3 列测试样本数据需要归一化处理

$P\_test(b(i),:) = (p\_test(b(i),:)-\min(p\_test(b(i),:)))/(\max(p\_test(b(i),:))\min(p\_test(b(i),:})))$; % 测试样本数据归一化

网络经过训练后才可以用于温度的预测的实际应用。考虑到网络的结构比较复杂,神经元个数比较多,需要适当增大训练次数和学习速率。

```
net. trainParam. epochs = 1000;        %训练次数
net. trainparam. goal = 0. 01;         %训练目标
LP. lr = 0. 1;                         %学习速率
net = init(net);                       %训练前进行初始化
net = train(net,P,T);                  %其中 P 为输入向量,T 为目标向量
Y = sim(net,P_test);                   %训练后测试数据的输出值
y = postmnmx(Y,min(t),max(t));         %训练后测试数据的反归一化
```

上述训练参数设定后，即可对给予焊接参数的 BP 神经网络进行训练。

C　训练结果

TRAINLM, Epoch 0/1000, MSE 0. 129643/0. 01, Gradient 3. 53862/1e-010
TRAINLM, Epoch 18/1000, MSE 0. 0098378/0. 01, Gradient 0. 47418/1e-010
TRAINLM, Performance goal met.

可见，经过 7 次训练后，网络误差小于 0.01，达到要求，网络训练误差曲线如图 2-29 所示，反归一化后的误差曲线如图 2-30 所示。

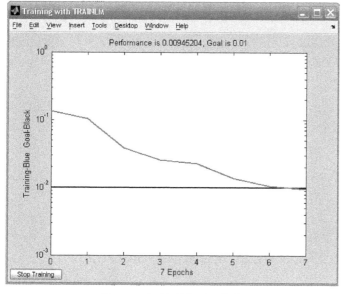

图 2-29　网络训练误差曲线

扫一扫查看彩图

预报结果经过反归一化后才能更直观地反映与实际温度的误差。

反归一化后的预报结果为：

y = 1. 0e+003　*

1. 0285　　　1. 0779　　　1. 0311　　　1. 0410　　　1. 0307

绘制误差曲线

$Y = \text{sim}(\text{net}, P\_\text{test});$

$y = \text{postmnmx}(Y, \min(t), \max(t));$

$\text{plot}(1:5, X-y)$

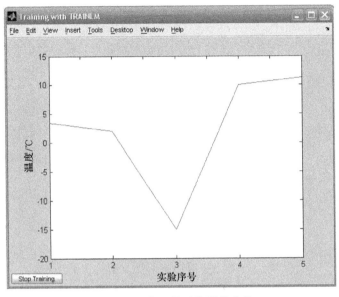

图 2-30   反归一化后的误差曲线

扫一扫查看彩图

在冷轧带钢热镀锌线的实际生产中，采用同一组焊接参数进行焊接后，焊接温度波动达 50℃。由图可以看出来，预报温度与实际温度相比，温度差值最大为 15℃，远小于 50℃，在工程应用允许范围之内，说明预报精度是比较准确的，建立的预报模型能很好地预报焊接参数。

2.7.2   BP 神经网络预报结果的检验

前面训练后的预报网络结果需要进行检验才可以判定是否符合生产实际，因此，对预报结果与生产实际数据比较，检验预报结果是否合理。

2.7.2.1   BP 神经网络预报结果分析

选取的测试数据的焊接厚度规格为 0.96mm×1.16mm，由图 2-31 和图 2-32 可以看出，预报结果与实际值基本吻合，不仅如此，预报结果还反映了在电流设定、操作侧搭接量、传动侧搭接量，焊轮压力四种参数变化时，预报结果的变化情况。结合附件，5 组测试样本中，当其他参数不变，设定电流最大为 23.2kA 时，预报温度为 1078℃，焊接温度最高，而焊接热量公式 $Q = I^2 Rt$ 中电流 I 的平

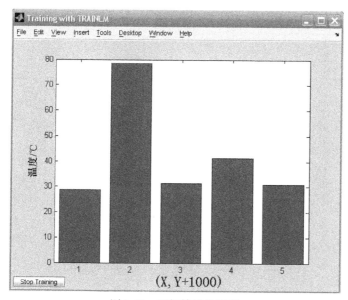

图 2-31 预报结果柱形图

扫一扫查看彩图

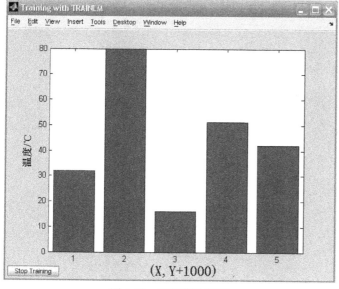

图 2-32 实际值柱形图

扫一扫查看彩图

方成正比，说明焊接电流是第一大影响因素，电流的变化最影响焊接温度。当其他参数不变，搭接量最大时，电阻增大，焊接温度最低，预报温度为 1031℃，当搭接量最低时，电阻减小，焊接温度相对增加。当其他参数不变，使焊轮压力增加 20dN 时，焊接温度略有增加，但变化不大，这是因为焊轮压力增加，接触电阻减小，一定程度上影响了焊接热量，但总的来说焊轮压力对温度影响不大。

2.7.2.2 实际数据与预报结果对比

由表 2-2 可知，测试的 5 组数据中，温度差值最小为 2℃，最大为 15℃，误差率分别为：0.29%、0.19%、1.48%、0.96%、0.87%，误差率小于 2%。如图 2-33 所示，由图可以看出，实际温度和预报温度的走势基本吻合，BP 神经网络通过焊接参数可以很好地预报焊接温度，说明预报结果是相当准确的。

表 2-2 测试数据及预报结果对比

测试数据输入值						测试数据的预报温度/℃	测试数据的实际温度/℃	温度误差/℃	相对误差/%
焊接规格厚度/mm		电流设定/kA	搭接量设定/mm		焊轮压力/daN				
带头	带尾		操作侧	传动侧					
0.96	1.16	22.0	1.07	2.14	1330	1029	1032	3	0.29
0.96	1.16	23.2	1.07	2.14	1330	1078	1080	2	0.19
0.96	1.16	22.0	1.30	2.14	1330	1031	1016	−15	1.48
0.96	1.16	22.0	1.07	2.04	1330	1041	1051	10	0.96
0.96	1.16	22.0	1.07	2.14	1350	1031	1040	9	0.87

注：测试数据在训练样本之外，1daN = 10N。

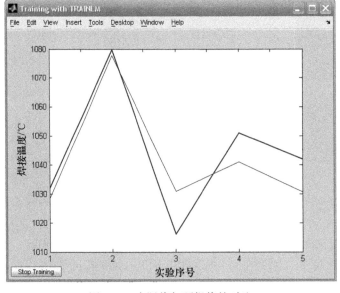

图 2-33 实际值与预报值的对比

扫一扫查看彩图

通过训练及测试值与实际值对比，可以得出结论：所设计的 BP 神经网络预报模型有很好的泛性，对训练样本以外的焊接温度参数预报精度是很高的，通过焊接参数预报焊接温度的结果是准确的。

2.7.3　预报模型精度分析

在热镀锌实际生产中，焊接质量是决定热镀锌机组稳定连续运行的基本条件，如果焊接质量不合格，焊缝在后续工序运行中极易发生断带事故，给生产带来巨大损失。焊接质量问题一般由两种原因造成：一种是因为焊接温度大于极限温度上限，如焊漏、沙眼等缺陷，另一种是因为焊接温度低于极限温度下限，搭接处未充分熔化连接，如未焊透等缺陷，这种缺陷肉眼不易观察到，一般通过弯曲试验可以检测。不管是哪种形式的质量问题，都可以由焊接温度来反映。上一节中，作者以热镀锌用冷轧板的规格厚度、电流设定、搭接量、焊轮压力等共六种影响焊接质量的参数为输入样本，以焊接温度为输出样本，构建了基于 BP 神经网络的焊接质量预报模型，然后以某热镀锌生产线的钢种为 SGCC 的 4 种不同厚度规格共 80 组历史焊接参数作为样本数据，对所建模型进行了预报研究，并验证了预报模型的准确性。以所建立的 BP 网络预报模型为依据，再次采集了该热镀锌生产线历史生产数据，此次历史数据以焊接参数不正常时出现焊接缺陷时的数据为基础，检验预报模型能否准确预报焊接质量问题。

2.7.3.1　BP 神经网络焊接质量预报模型的验证

为了检验预报模型能否正确预报焊接质量，选取某热镀锌线生产的焊接厚度规格为 0.96mm×1.16mm 冷轧板分别进行预报研究和焊接试验。其中，实验 1 的焊接参数（实验数据输入值）选自附件中的正常焊接参数。实验 2 的焊接参数将电流设定为 27.0kA，操作侧搭接量改为 2.14mm，电流设定和操作侧搭接量均大于实验 1 的值。实验 3 的焊接参数电流设定为 17.0kA，传动侧搭接量改为 2.04mm，电流设定和操作侧搭接量均小于实验 1 的值。按照以上 3 组焊接参数进行焊接，并分别对焊接完的焊缝试样进行杯凸实验和弯曲实验研究，试验结果见表 2-3。

表 2-3　试验数据的预报结果与杯凸试验结果对比

实验序号	试验数据输入值						试验数据的预报温度/℃	缺陷	杯凸试验检验焊缝质量
	焊接规格厚度/mm		电流设定/kA	搭接量设定/mm		焊轮压力/daN			
	带头	带尾		操作侧	传动侧				
1	0.96	1.16	23.2	1.07	2.14	1330	1078	无	合格
2	0.96	1.16	27.0	1.30	2.14	1230	1143	沙眼	不合格

续表 2-3

实验序号	试验数据输入值						试验数据的预报温度/℃	缺陷	杯凸试验检验焊缝质量
	焊接规格厚度/mm		电流设定/kA	搭接量设定/mm		焊轮压力/daN			
	带头	带尾		操作侧	传动侧				
3	0.96	1.16	17.0	1.07	2.04	1230	647	未焊透	不合格

注：1daN=10N。

实验 1 焊接温度的预报值为 1078℃，焊缝无缺陷。实验 2 焊接温度预报值为 1143℃，大于最大极限温度上限 1100℃，出现了沙眼缺陷和焊漏缺陷，沙眼缺陷和焊漏缺陷分别如图 2-34 和图 2-35 所示，反映到工控机上的温度曲线如图 2-36 所示，由图可以看出，不仅温度曲线的平均值已经很接近上限温度 1100℃，而且

图 2-34　焊接预报温度（1143℃）大于等于 1100℃出现的沙眼缺陷（实验 2）　扫一扫看彩图

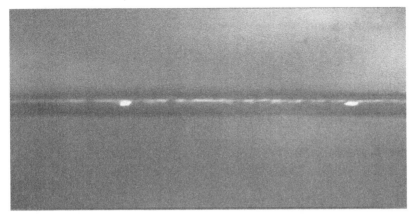

图 2-35　焊接预报温度（1143℃）大于等于 1100℃出现的焊漏缺陷（实验 2）　扫一扫看彩图

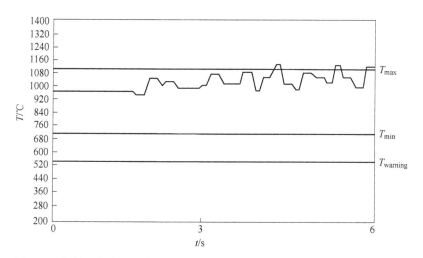

图 2-36 焊接温度高于最大极限温度上限时焊接波动温度缺陷曲线（实验 2）

扫一扫查看
彩图

温度曲线出现较大的波峰，波峰处温度已超出此种规格的极限温度，波峰处出现沙眼缺陷和焊漏缺陷。实验 3 焊接温度较低反映到工控机上的温度曲线如图 2-37 所示，由图可以看出，温度大大低于焊接正常温度，焊缝从外观上看与正常焊缝无异。经过杯凸试验检验焊缝质量合格，杯凸试验结果如图 2-38 所示。

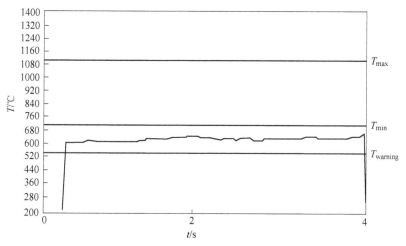

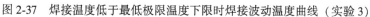

图 2-37 焊接温度低于最低极限温度下限时焊接波动温度曲线（实验 3）

扫一扫查看
彩图

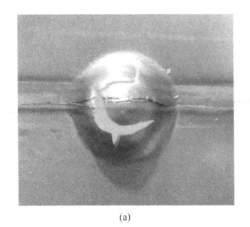
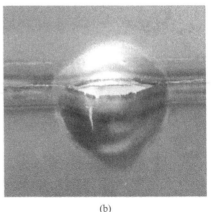

(a)   (b)

(c)

图 2-38 杯凸试验结果

(a) 实验 1 结果；(b) 实验 2 结果；(c) 实验 3 结果

扫一扫查看彩图

实验 3 焊接温度预报值为 647℃，远低于最低极限温度下限 920℃，反映到工控机上的温度曲线如图 2-37 所示，对焊缝进行弯曲试验和杯凸试验，焊缝处分离，焊缝质量不合格，说明焊缝出现了未焊透缺陷。

对实验 1 和实验 2 焊缝试样的杯凸实验结果进行分析对比，实验 1 试样裂口与焊缝垂直，说明实验 1 焊缝焊接质量符合要求，实验 2 试样裂口与焊缝在一条线上，说明实验 2 焊缝焊接质量不符合要求。因实验 3 试样焊缝搭接处未充分熔化连接，出现未焊透缺陷，经过弯曲试验和杯凸试验发生了断裂现象，说明实验 3 焊缝焊接质量也不合格。

经过试验对比，采用预报温度 T 符合要求的焊接参数进行焊接，920℃ ≤ T ≤ 1100℃ 焊接质量完全符合要求，而采用预报温度 T ≥ 1100℃ （极限温度上限）和预报温度 T ≤ 920℃ （极限温度下限）时的焊接参数进行焊接时，焊接质量都不符合要求，这充分说明预报模型能正确预报焊接质量。

2.7.3.2 预报结果误差分析

由上一节的分析可知，所设计的 BP 神经网络有很好的泛性，对训练数据以外的力学性能参数预报精度是很高的，预报模型能正确预报焊接质量，温度差值最大为 15℃，误差率最大为 1.48%。误差存在的原因主要是焊接温度还受其他外界影响因素的干扰，如：带钢厚度规格的实际值。

从理论上讲，不同规格的带钢焊接参数一定不一样，而且每一种规格的带钢将只对应一组焊机参数，但是，由于热轧板带头带尾的冷却较快，变形抗力大，一般来说，热轧板带头、带尾厚度要大于中间厚度，进入冷轧线后，受到冷轧机组弹跳系数的影响，仍然会出现冷轧板带头、带尾厚度大于中间的现象，比如：冷轧板规格为 0.56mm×1250mm，其带头、带尾厚度可达到 0.6mm。这种偏差会给焊机参数的设定带来严重干扰，如果按照 0.56mm×1250mm 的参数焊接，势必会造成焊接电流低，焊接质量不合格，所以，实际生产中，一般要将带头、带尾切去一定长度再进行焊接，以避免这种误差。

影响焊接质量的这部分因素虽然具有一定偶然性，但对焊接温度影响很大，成为干扰窄搭接焊机实现自动焊接的难题，在实际生产中，可以通过切头、切尾一定长度来解决。

由于上述影响因素的存在，即使是同一种规格采用完全相同的焊接参数，也会出现焊接温度不一样的现象，实践证明：最大误差可达 50℃，这也是每次焊接温度不一样的原因所在，上一节预报模型预报的焊接温度与实际温度差值最大为 15℃，远低于 50℃，证明预报模型完全符合热镀锌生产线的实际需要，有实际应用价值。

2.8　本章小结

（1）在窄搭接电阻焊缝区，沿焊缝横向均存在较大的拉应力，而且在焊缝中心位置拉应力最大，而沿焊缝纵向两端为拉应力，中间为压应力，焊趾区存在严重的应力集中；焊接件和退火母材在变形量大致相同时，焊接件的包辛格效应更加明显，各向异性更加突出。电阻缝焊接头的抗拉强度远大于退火后母材，但伸长率远小于母材。

（2）分析了窄搭接电阻缝焊的原理及焊缝接头的结构特点，焊接参数对焊接质量的影响极大，焊接点温度的控制是焊接质量控制的核心。焊接温度决定了焊缝组织形态，影响焊接质量，通过对焊接温度场的检测，可以间接反映焊接质量。

（3）原料卷卷径信息错误、切头过多、光电开关信号丢失是产生甩尾缺陷的主要原因，而原料卷镰刀弯、张力辊压辊两侧气缸压力不一致是产生抽尾缺陷的主要原因，介绍了离线检测法、停机锤击测试法、在线自动检测法的特点及应用场合。

（4）焊轮位置偏离中心位置导致了实际搭接量的不足，这是造成未焊透缺陷的主要原因，而带头厚度正偏差及板面油污、锈斑、凹凸不平等原料缺陷是造成未焊透缺陷的次要原因。采用控制原料缺陷、调整焊轮中心线及焊机出口活套混等措施，可有效预防未焊透缺陷。

（5）构建了 BP 神经网络焊机参数预测模型，以窄搭接焊机，焊接点的电流设定、搭接量、焊轮压力、碾磨轮压力参数作为影响焊接温度和焊接质量的关键因素，以焊接厚度规格为 0.96mm×1.16mm 为研究对象，并分别对焊缝试样进行杯凸试验，当焊接温度 $T \geqslant 1100℃$ 时，温度曲线出现较大的波峰，波峰处温度超出此种规格的最高极限温度，会出现沙眼缺陷和焊漏缺陷。当焊接温度 $T \leqslant 920℃$，反映到工控机上的温度曲线低于了此种规格的最低极限温度，并且出现未焊透缺陷。预报结果与生产实际情况相吻合，预报模型能较准确有效地预报焊接质量。

参 考 文 献

[1] 岑耀东，陈芙蓉．高强度钢板电阻焊研究进展［J］．电焊机，2016，46（4）：67-70，74.

[2] 岑耀东，陈芙蓉．电阻缝焊数值模拟研究进展［J］．焊接学报，2016，37（2）：123-128.

[3] 岑耀东，陈芙蓉．带钢连续热镀锌窄搭接焊机的故障分析及对策［J］．电焊机，2015，45（9）：76-79.

[4] 岑耀东，陈芙蓉．带钢搭接焊未焊透缺陷的产生原因及对策［J］．焊接技术，2015，44（4）：68-71.

[5] 岑耀东，陈芙蓉．带钢搭接焊错边原因分析及关键控制技术［J］．焊接，2014（10）：51-54.

[6] 岑耀东，陈芙蓉，陈林．异种钢电阻塞焊飞溅缺陷的产生机理［J］．焊接学报，2019，40（12）：115-120.

[7] 岑耀东，陈芙蓉．TRIP980 高强钢/SPCC 低碳钢的异种钢板电阻点焊接头组织及力学性能研究［J］．材料研究学报，2018，32（3）：216-224.

[8] 岑耀东，陈芙蓉．异种钢电阻塞焊工艺优化及接头性能分析［J］．焊接学报，2017，38（7）：109-114.

[9] 岑耀东，陈芙蓉．超声冲击处理冷轧钢板缝焊接头的疲劳性能［J］．焊接学报，2017，38（6）：115-119，134.

[10] 岑耀东，陈芙蓉．TRIP980 高强钢/SPCC 低碳钢的异种钢电阻点焊工艺优化及接头性能分析［J］．机械工程学报，2017，53（8）：91-98.

[11] 许秀飞．钢带热镀锌技术问答［M］．北京：化学工业出版社，2007.

［12］李九岭.带钢连续热镀锌［M］.北京：冶金工业出版社，2019.

［13］李九岭，胡八虎，陈永朋.热镀锌设备与工艺［M］.北京：冶金工业出版社，2014.

［14］李九岭，许秀飞，李守华.带钢连续热镀锌生产问答［M］.北京：冶金工业出版社，2011.

［15］张启富.现代钢带连续热镀锌［M］.北京：冶金工业出版社，2007.

［16］康建华.影响窄搭接焊机焊接质量的因素分析与研究［J］.中国金属通报，2019（4）：154-155.

［17］张武，计遥遥，刘永刚，等.高强度双相钢窄搭接电阻焊焊接接头失效分析［J］.焊接，2015（3）：49-52.

［18］王春刚，康华伟.冷轧带钢窄搭接焊接技术的改进［J］.轧钢，2014，31（6）：72-74.

［19］石玗，樊丁，陈剑虹.基于神经网络方法的焊接接头力学性能预测［J］.焊接学报.2004，25（2）：73-76.

［20］张旭明，吴毅雄，徐滨士，等.BP神经网络及其在焊接中的应用［J］.焊接，2003，（2）：9-13.

3 连 续 退 火

3.1 概　　述

冷轧带钢能够热镀锌需要具备两个基本条件,一是带钢入锌锅温度必须接近熔融锌液的温度,二是带钢表面为清洁、无氧化层的海绵状铁。还原退火炉是冷轧带钢连续热镀锌生产机组中的核心设备,产品的力学性能及镀层附着力等主要技术指标需要还原退火炉提供保障。实践证明,冷轧带钢热镀锌产品的大部分缺陷都与退火炉有关。

本章介绍了冷轧带钢热镀锌生产线改良森吉米尔法立式还原退火炉的生产技术,阐述了退火炉的入口密封装置、张力辊抱闸系统等重要设备的常见故障问题,重点分析了辊面结瘤、锌层漏镀、热褶皱等的产生原因,根据炉内气氛、炉温、炉压、带钢张力等影响因素,对设备进行优化改造,并总结了相应的控制措施。

3.2　连续退火工艺及带钢再结晶

3.2.1　连续退火温度场差分法及工艺曲线的制订

改良森吉米尔法连续退火炉主要分为四段:无氧化加热段、辐射管加热段、均热段、喷冷段。传热方式为对流和辐射。当物体被加热时,可以采用对流换热的牛顿冷却公式:

$$q_d = Ah(T_w - T_r)$$

式中,T_w 及 T_r 分别为环境温度和物体温度,℃;A 为表面积;h 为表面传热系数。

采用斯蒂芬—玻耳兹曼定律计算黑体发出的热辐射热量,即两块非常接近的互相平行黑体间的辐射换热量存在以下计算公式:

$$q_f = \varepsilon_1 A_1 \sigma (T_w^4 - T_r^4)$$

式中,T_w 及 T_r 分别为两平行黑体面积温度或环境温度和物体温度,K;ε_1 为黑体辐射系数;σ 为斯蒂芬-玻耳兹曼常量;A_1 为辐射表面积。根据连续还原退火的特点,带钢传热问题可以简化为一维传热问题,沿着带钢厚度方向划分为 n 等分,则其边界温度的计算公式为:

$$T'(0) = 2F_0\left[T(1) + B_iT_A + \left[\frac{1}{2F_0} - 1 - B_i\right]T(0)\right]$$

式中，T_A 为各段炉温，K；其中 $F_0 = \dfrac{1}{2(1 + B_i)}$；$B_i = \dfrac{h_k + h_t}{k} \cdot \Delta x$；$h_k$ 为对流换热系数，$h_t = e\sigma(T_A^2 + T(0)^2)(T_A + T(0))$；$k$ 为导热系数，W/mK；e 为黑度；Δx 为每等分间距，m，其内部温度的计算公式为：

$$T'(i) = F_0\left[T(i - 1) + T(i + 1) + \left[\frac{1}{F_0} - 2\right]T(i)\right]$$

i 为有限差分划分点编号。

在 Δt 时间里，机组速度由 V_0 提高（或减小）到 V_1 时，根据机组速度和时间计算出带钢运行的距离，再由各段的边界条件用有限差分法计算带钢的加热温度场。但实际生产中，对于同一种规格，机组速度往往不变，炉内产生的热量与带钢带走的热量及退火炉散失的热量保持平衡，温度场变得非常复杂。一般来说，退火炉的热收入和热支出保持平衡。以退火炉的无氧化加热段（NOF）为例，热收入即燃烧总的供热量 Q_λ 为：

$$Q_\lambda = V_m\lambda h$$

式中　Q_λ——总的供热量，MJ/h；

　　　V_m——消耗燃气总量（标准状态），m³/h；

　　　λ——空气过剩系数；

　　　h——燃气发热值（标准状态），MJ/m³。

而热支出包括带钢带走的热量 Q_1，废气带走热量 Q_2，还有炉底辊冷却风带走热量 Q_3，炉壁散热量 Q_4，共同组成热量支出，其中主要计算公式如下所述。

（1）带钢带走热量 Q_1：

$$Q_1 = WC_G(T_1 - T_2)$$

式中　W——机组标准生产率，t/h；

　　　C_G——钢的比热容，MJ/(t·℃)；

　　　T_1——带钢出 NOF 炉时温度，℃；

　　　T_2——环境温度，℃。

（2）很多退火炉采用废气对预热段的带钢进行预热，但仍有一部分废气通过烟道排放，废气带走热量 Q_2：

$$Q_2 = V_fC_f(T_1 - T_2)$$

式中　Q_2——废气带走热量，MJ/h；

　　　V_f——废气总量（标准状态），m³/h；

　　　C_f——废气比热容（标准状态），MJ/(m³·℃)；

T_1——废气温度,℃;

T_2——室温,℃。

　　在热镀锌原料板品种上,连续退火炉不仅能够生产 CQ 级,DQ 级 HSS,而且还可以生产 DDQ 深冲级 HSS、烘烤硬化性 DQ 级 HSS 等高强钢热镀锌板,表 3-1 为典型钢种的参考热处理周期及工艺参数表,对应的参考热处理工艺曲线如图 3-1~图 3-4 所示。

表 3-1　热处理周期及工艺参数

带钢级别	加热炉出口温度/℃	均热炉		喷冷段/℃	出口锌锅出口温度/℃	冷却塔顶部第一辊温度/℃	水淬槽出口温度/℃
		出口温度/℃	最大速度下的最小均热时间/s				
CQ	750	750	25	460	460	280	45
DQ	760	760	25	460	460	280	45
HSS	840	840	25	460	460	280	45
FH	550	550	—	460	460	280	45

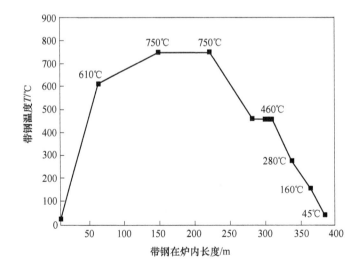

图 3-1　CQ 热处理工艺

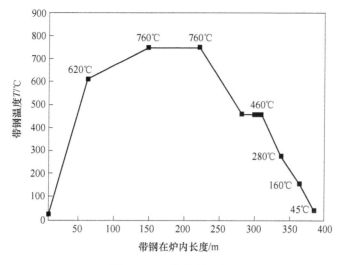

图 3-2　DQ 热处理工艺

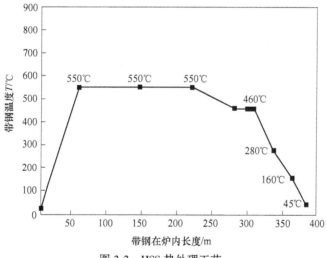

图 3-3　HSS 热处理工艺

3.2.2　带钢再结晶退火

　　带钢冷轧生产时，变形量较大，致使晶体内部位错等结构缺陷密度增加，畸变能升高，处于热力学不稳定的高自由能状态。从微观组织上来说，这种多晶体由原来取向杂乱排列的晶粒，变成取向大体一致的织构，使得钢板在横向、纵向的性能差异很大。经过冷轧后的冷硬板晶粒组织被延伸和硬化，晶粒发生滑移，出现位错的缠结，使晶粒拉长、破碎和纤维化，如图 3-5 和图 3-6 所示，冷硬板

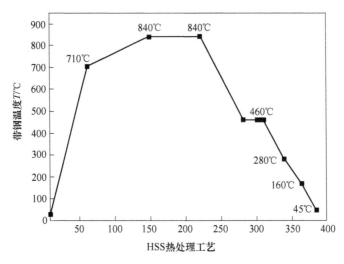

图 3-4　FH 热处理工艺

的变形抗力大，塑性差，不能进行进一步的加工成形，因此，经过冷轧后的带钢要经过再结晶退火才能够用于变形、冲压等后续加工。

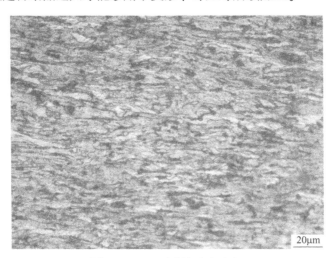

图 3-5　SPCC 冷硬板金相组织

扫一扫查看彩图

　　冷轧带钢退火后，内部组织发生了一系列变化。在原先亚晶界上的位错大量聚集处，形成了新的位错密度低的结晶核心，并不断长大为稳定的等轴晶粒，取代被拉长及破碎的旧晶粒，同时性能也发生明显的变化，并恢复到软化状态，这个过程即为再结晶。再结晶过程并不是一个相变过程，再结晶前后新旧晶粒的晶格类型和成分完全相同，如图 3-7 和图 3-8 所示。

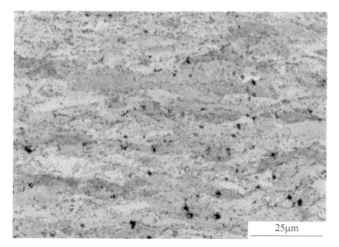

图 3-6 SPCC 钢冷硬板 EBSD 像

扫一扫查看彩图

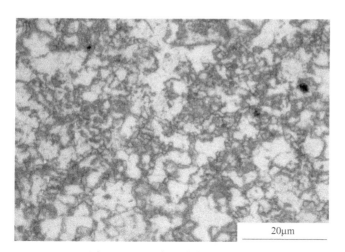

图 3-7 SPCC 钢退火板金相组织

扫一扫查看放大图

从工艺上讲，带钢退火时，当其被加热到 $0.1 \sim 0.3 T_m$（熔点）时，冷轧产生的大量空位、缺陷开始运动而聚到表面，当温度升高到 $0.3 \sim 0.5 T_m$ 时，位错开始形成，有序排列后形成亚晶界，把原有的纤维组织分成多个胞状亚结构，并开始合并，再继续加热，就开始产生再结晶，开始形核并长大，如图 3-9 所示。速度越快，即在不同温度下停留的时间越短，则再结晶温度就越高；反之，再结晶的温度就越低。金属的内部组织结构状况决定了其性能。当带钢经再结晶退火，组织结构发生了上述变化后，其力学性能也相应发生了如下变化。

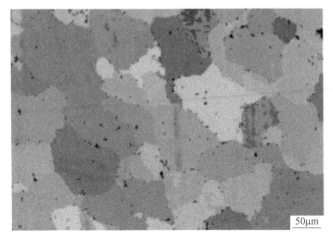

图 3-8   SPCC 钢退火板 EBSD 像   扫一扫查看彩图

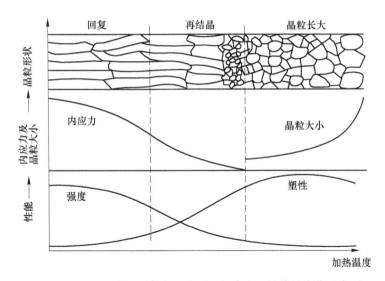

图 3-9   变形金属在不同加热通度时晶粒大小和性能的变化示意图

再结晶退火消除了钢板的残余内应力和加工硬化现象。随着再结晶过程的发生，金属获得了均匀细小的等轴晶粒、位错密度、亚晶界及其他晶体缺陷减少，钢板的强度、硬度下降，塑性、韧性升高，因而改善了钢板的力学性能，有利于后续冲压工序的进行。

3.3   退火工艺参数对 IF 钢再结晶的影响

IF 钢作为第三代汽车冲压用钢，因其具有优良的深冲性能而被广泛应用于热镀锌原板。对 IF 钢采用不同的退火工艺，在盐浴炉内模拟连续退火。同时对显微组织及硬度进行表征，研究退火工艺对高强 IF 钢组织及硬度的影响，探讨其再结晶行为。

3.3.1 退火温度对 IF 钢组织的影响

3.3.1.1 相变点的测定

根据钢在相转变时体积发生变化的原理，运用钢的临界点测量方法（膨胀法）测定其奥氏体转变温度即 Ac1。试样尺寸 $\phi 3 \times 10mm$，在膨胀仪上以每小时低于 200℃ 的速度加热到 1100℃，然后空冷到室温。在加热的过程中伸长计的数值与对应的温度值是我们要提取的，然后绘制完整的膨胀—温度曲线。取曲线中直线部分的延长线与曲线部分的分离点对应的温度作为临界点，得到的实验结果如图 3-10 所示。

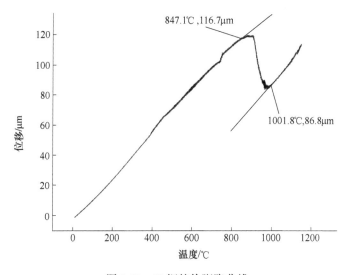

图 3-10　IF 钢的热膨胀曲线

从图 3-10 中可以看出，运用切线法，第一个切点的温度为 847.1℃，所以其铁素体区向奥氏体转变的温度 Ac1 为 847.1℃。而 Ac3 为 1001.8℃。

3.3.1.2 退火过程中组织演变规律的研究

用盐浴炉模拟连续退火过程中，退火温度对组织的影响规律，鉴于上节对 Ac1 的确定是在加热速度为每小时低于 200℃ 的情况下加热，而实际用盐浴炉模拟连续退火时的加热的速度远远超过 200℃/h。由于加热速度对 Ac1 的影响，即加热速度越快，奥氏体化温度越高，所以采用的退火温度为 860℃ 以下。

　　图 3-11 表示试样在不同退火温度下保温 90s 的退火过程，再结晶组织的变化规律是随着退火温度的升高而变化的。退火温度为 760℃ 时，可以在退火试样的显微组织中看到有长条状的变形纤维组织、扁平状的铁素体晶粒和等轴形铁素体晶粒，其中长条状的变形纤维组织与扁平状的铁素体晶粒占大部分，且分布均匀；而等轴状的铁素体晶粒占很小部分。由此判断在此温度下，部分晶粒已经发生再结晶，因此在 760℃ 以下温度再结晶已经开始。当温度升高到 780℃（见图 3-11（b））时，试样内的晶粒大部分为等轴状或扁平状的铁素体晶粒，而纤维状的变形晶粒基本消失，即基本上形成再结晶晶粒，但是其晶粒细小，且分布不均匀。当温度持续增为到 810℃（见图 3-11（c））时，再结晶晶粒已全部形成，完成了再结晶过程。在这个阶段内，组织形状发生了基本的变动，细小、等轴的铁素体晶粒所完全替代了变形晶粒。温度持续升高到 840℃（见图 3-11（d）），扁平状的铁素体晶粒占大部分，而细小的晶粒逐渐长大，从而细小的晶粒的数目减少，到 860℃（见图 3-11（e）），晶粒进一步长大，晶粒大部分成为等轴状的铁素体组织且晶粒大小更加均匀。这个阶段称为晶粒长大阶段，在这个阶段内，铁素体晶粒尺寸越加的均匀化，形状也越加的规则化，组织形态变化基本不大，只是晶粒继续长大的过程。

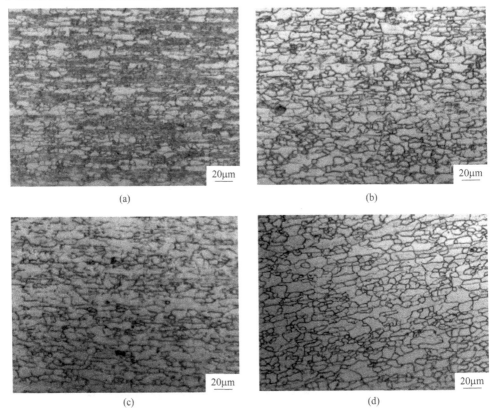

(a)　　　　　　　　　　　　　　　　　(b)

(c)　　　　　　　　　　　　　　　　　(d)

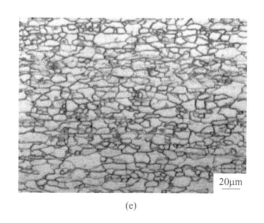

(e)

图 3-11　保温 90s 不同退火温度下的显微组织

(a) 760℃；(b) 780℃；(c) 810℃；(d) 840℃；(e) 860℃

3.3.1.3　退火温度对硬度值的影响

在保温时间为 90s，分别对退火温度 760℃、780℃、810℃、840℃、860℃ 的试样进行硬度值测定，从而转化为抗拉强度，其结果见表 3-2。相同保温时间下，硬度值随退火温度变化规律曲线如图 3-12 所示。由图 3-12 曲线能够看出，当温度为 760℃ 时，试样的硬度值为 177.4HV，而冷轧态试样的硬度平均值为 268HV，由此也可以判断在 760℃ 以下再结晶已经开始。曲线为 760~810℃，试样硬度值的下降幅度很大，说明这个温度区间内发生了再结晶过程，形成了大量的再结晶晶粒，在此阶段，冷轧变形态的位错不仅发生了滑移，而且还发生了攀移，所以产生了软化现象。直到退火完成后，硬度回复到轧态前的硬度值。当温度为 810~860℃，曲线相对来说变得比较平稳即硬度值下降缓慢，随着退火温度的持续增加，硬度值降低的也不太显著，说明这个时候试样内晶粒已经完成了再结晶过程，只是发生了晶粒的长大行为。

表 3-2　保温 90s 不同退火温度的硬度与抗拉强度

加热温度 /℃	试样 1 硬度 HV	试样 2 硬度 HV	试样 3 硬度 HV	硬度平均值 HV	抗拉强度 /MPa
760	170.6	179.4	182.1	177.4	567.2
780	152.5	151.6	150.6	151.6	483.2
810	133.9	132.7	131.7	132.8	423.4
840	134.5	131.6	128.9	131.7	420.1
860	123.6	125.4	127.2	125.4	401.2

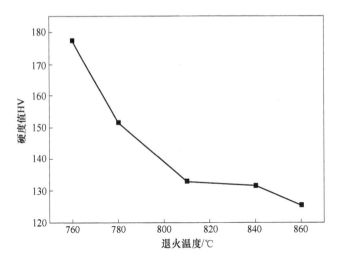

图 3-12 在相同保温时间下硬度随退火温度的变化曲线

3.3.2 退火时间对 IF 钢组织及硬度的影响

图 3-13 为 IF 钢经盐浴退火保温不同时间的金相组织照片。从图 3-13 可以看出：试样 810℃盐浴退火保温时间为 15s 时（见图 3-13（a））铁素体还没有完全发生再结晶，即一部分形成了再结晶晶粒且晶粒成部分扁长状，还有一部分没有发生再结晶且为变形的纤维状组织，这时试样已经发生部分再结晶的现象，因此可以判断在 15s 之前再结晶已经开始；随着保温时间延长到 30s 时，如图 3-13（b）所示，再结晶已较显著，大部分晶粒为的再结晶晶粒，且大晶粒间夹着一些小晶粒；当保温时间达到 45s 时（见图 3-13（c）），晶粒多以饼形状存在，晶粒颜色分为白、灰、黑，这是由于有织构的存在且每种织构所受的腐蚀程度不同造成的，黑色的晶粒居多，说明黑色晶粒所代表的取向为试样的主要织构。退火时间为 60s 时（见图 3-13（d）），晶粒的尺寸较 45s 没有太大的变化，但是晶粒的颜色为灰色居多，说明灰色晶粒所代表的取向为主要取向。晶粒的长大是通过晶界的迁移来完成，在再结晶初期，铁素体晶粒尺寸较小，晶界的界面能很大且能量高。而晶粒长大使系统能量降低，但随着保温时间的延长，外界对其提供的能量增大，晶粒就会长大且变得均匀化。

通过使用 HX-1000TM 显微硬度计，对在 810℃退火保温不同时间下的试验高强 IF 钢进行硬度值的检测，每个试样测三个点，然后取其平均值。各种退火条件下的硬度值见表 3-3。IF 钢在恒温的退火条件下硬度值随时间的变化规律如图 3-14 所示。从图 3-14 的曲线可以看出，对于试验高强 IF 钢，随着保温时间的延长，其硬度值都在下降。在 15s 时，试验高强 IF 钢的硬度值为 169HV，而在

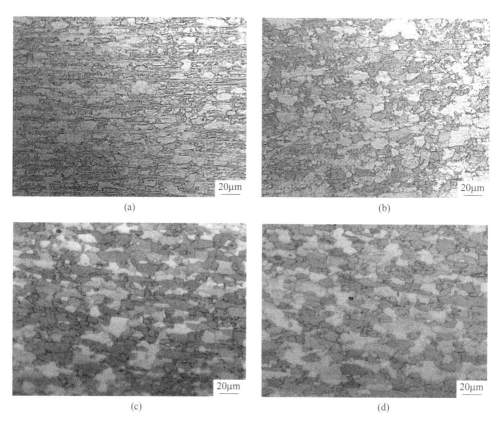

图 3-13 IF 钢 810℃退火保温不同时间后的显微组织

（a）15s；（b）30s；（c）45s；（d）60s

冷轧态时的硬度值为 268HV，所以由此也可以判断再结晶已经开始的时间在 15s 之前；保温时间为 15~30s，硬度值都在急剧下降，说明在此时间段内进行着再结晶过程；而在 30s 之后，再结晶完成。

表 3-3　IF 钢 810℃退火保温不同时间后的硬度值及抗拉强度

加热时间 /s	试样 1 硬度 HV	试样 2 硬度 HV	试样 3 硬度 HV	硬度平均值 HV	抗拉强度 /MPa
15	167.0	169.0	171.9	169.3	544
30	133.9	140.0	132.0	135.3	431
45	137.8	137.9	138.0	137.9	441.6
60	129.5	132.0	134.0	131.8	420.4

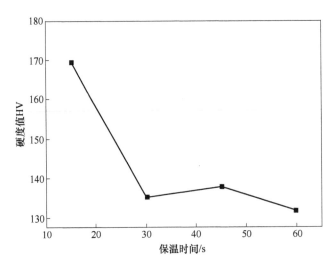

图 3-14　高强 IF 钢在恒温条件下硬度值随时间的变化规律

3.4　还原退火炉稳定生产的关键技术

对于改良森吉米尔法立式还原退火炉，进入连续退火炉中的冷轧带钢先在明火段将残留的油污烧去，并在带钢表面形成薄薄的一层氧化膜，再经过退火炉的还原段，使表面的氧化膜还原成纯铁体，然后再进入锌锅使镀层与铁得以牢固结合。然而，有时候冷硬板在清洗效果较好的情况下，仍然会出现炉辊结瘤和锌层漏镀现象，且炉墙掉转，停炉开盖次数频繁，严重影响退火炉的使用周期。

3.4.1　立式还原退火炉及常见问题

某热镀锌生产线改良森吉米尔法立式还原退火炉（以下简称退火炉），退火炉包括六个部分；无氧化加热段、辐射管加热段、均热段、喷冷段、出口段、锌锅后冷却段，结构如图 3-15 所示。无氧化加热段又包含两段：预热段和明火加热段，预热段的带钢使用明火加热段的废气加热，冷轧带钢经过预热段后，进入明火加热段，在明火加热段带钢温度根据热处理工艺要求加热到 550~710℃。无氧化加热段设计使用煤气烧嘴，燃气使用焦炉煤气，燃烧效率为 94%，6% 的未燃烧气进入预热段进行再燃烧。辐射管加热段使用燃气为混合煤气，带钢在保护气内被煤气辐射管加热至均热炉预定的加热曲线温度，燃烧系统为推拉式、脉冲点火开关控制方式。烧嘴安装于三个加热控制区域，使用加热后的燃烧气（约 400~450℃），在明火段空气燃烧不完的情况下，通过保持带钢和烟气间的高温差异来防止带钢氧化，通过控制节气阀和调节废气排放速度来满足炉内压力要求。辐射管燃烧后的废气经过高压段、热交换器、排气风机后排入烟囱。在均热炉内，带钢根据加热曲线保持辐射炉的加热温度，该区域加热采用煤气辐射管。从均热炉出来的带钢在喷冷段逐渐冷却到要求温度。然后进入出口段，这段连接着锌锅，它用于将带钢温度保持在最佳镀锌要求的温度范围内，并将带钢转向锌锅，使带钢在保护气内运行，直到锌锅，以封闭加热炉。

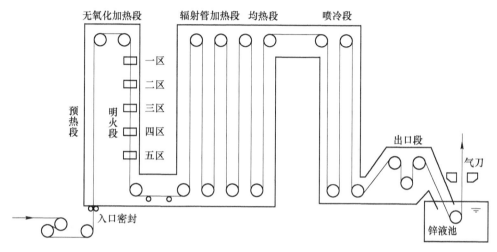

图 3-15 某生产线改良森吉米尔法立式还原退火炉工艺流程图

在生产过程中，退火炉最容易出现的问题就是辊面结瘤、产品镀后脱锌等，辊面结瘤如图 3-16 所示，辊面结瘤会使带钢表面产生鼓包，镀锌后形成如图 3-17 所示的鼓包白点，严重影响了产品的美观和耐腐蚀性。此外，退火炉内的耐火砖脱落，炉墙变薄，会严重影响质量及退火炉使用周期，炉墙耐火砖脱落如图 3-18 所示。

图 3-16 辊面结瘤

扫一扫查看彩图

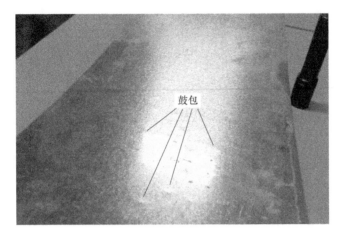

图 3-17 镀锌鼓包

扫一扫查看彩图

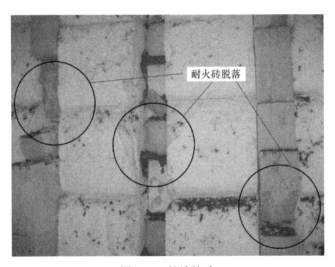

图 3-18 炉墙掉砖

扫一扫查看彩图

  由于退火炉内的辐射管加热段主要作用是将带钢表面氧化膜还原为纯海绵铁，但是，如果带钢在无氧化炉明火段氧化较严重，必然造成还原段负担的加重，或者在还原段的氢还原能力不足，会造成带钢表面的氧化膜不能完全还原，镀后锌层附着力下降。此外，如果生产降速、提速或炉内张力不稳定，必然会使炉辊与带钢打滑，打滑过程会使带钢表面的氧化铁皮脱落，带钢与上炉辊打滑脱落的氧化铁皮会散落在衬板平台上，如图3-19所示，或者黏附在上炉辊表面，带钢与下炉辊打滑脱落的氧化铁皮会散落在下炉辊表面，形成辊面结瘤物，从辊面上铲除下来的结瘤物如图 3-20 所示，能谱分析如图 3-21 所示，经过能谱扫描分析。可以发现：结瘤物实际上主要由铁、氧、碳组成，还有少量钙、硅的成分，证实了耐火材料及其他杂物与带钢上高温熔融状态下的氧化铁皮挤压混合造成辊面结瘤的可能性。形成辊面结瘤，有时候辊面结瘤物会黏附在带钢上，形成较厚的氧化膜凹坑，使镀锌后的锌层附着力下降，出现脱锌，如图 3-22 所示。所以，一般来说，立式还原退火炉上炉辊的辊面结瘤没有下炉辊面严重。

图 3-19　退火炉辐射段的氧化铁皮　　　　扫一扫查看彩图

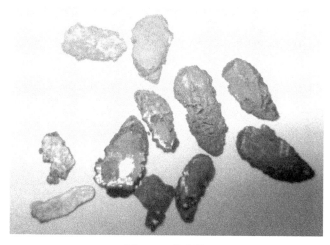

图 3-20　结瘤物　　　　扫一扫查看彩图

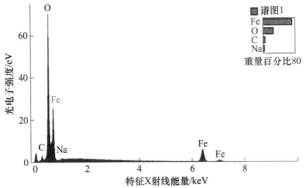

图 3-21　辊面结瘤物能谱扫描结果　　　　　扫一扫查看彩图

（常规叫法是，横坐标：energy/keV，

纵坐标：cps/eV）

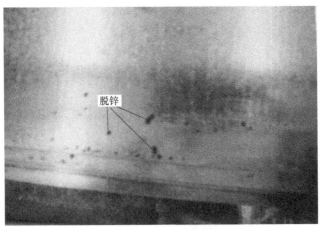

图 3-22　产品镀后脱锌　　　　　扫一扫查看彩图

3.4.2 提高退火炉使用效率的技术措施

针对以上问题，重点从以下几个方面进行分析。

3.4.2.1 无氧化炉五区域空煤比的优化调整

空煤比的调整是为了稳定无氧化炉五个区域区良好的燃烧气氛，尽量减少带钢在明火加热时的氧化程度，实践证明：空煤比的调整不当会给设备带来严重的影响，如造成废气温度偏高，炉压波动，缩短换热器、废气风机的使用寿命。对产品带来的影响是氧化带钢表面使带钢镀后出现锌层漏镀、脱锌等，并且带钢表面的氧化层极易脱落而黏附到炉辊上，造成辊面结瘤。所以空煤比的选择不仅决定了剩余氧含量的多少，还决定了无氧化炉内的燃烧状态和气氛，经过尝试，五个区域的参考空煤比为 0.84~0.96，而且是由一区到五区逐步递减，梯度可以是 0.01~0.02，实践证明，在生产中实现了既能保证带钢的机械性能，又能保证带钢表面的良好的还原状况。

3.4.2.2 氮气净化站的应用

氮气作为惰性气体是炉内的主要气体，控制着炉压，如果来料氮气中含有的氧气较多，将会增加辐射炉内氢气的还原负担，如果带钢表面氧化严重，超出氢气的还原能力，就会氧化带钢表面，带钢表面脱落的氧化铁皮就成为炉辊结瘤的一个因素。退火炉采用氮气净化系统对来料氮气进行脱氧净化是一种有效的措施，图 3-23 所示为同一规格带钢在退火炉炉况稳定生产时连续 5h 内，氮气流量为 1702N·m³/h 净化前后的氧含量（体积分数）对比，由图知净化后氧含量（体积分数）基本控制在了 15mg/L 以内，符合生产需求。

3.4.2.3 退火温度的优化控制

在实际生产中，如果退火温度低于再结晶温度，则产品性能达不到应有的要求，如果退火温度超出了再结晶温度太多，不仅造成燃料资源的浪费，而且当生产厚度小于 0.5mm 的薄规格带钢时可能产生热褶皱缺陷，当生产较厚规格带钢，由于需要的热量多，烧嘴满负荷加热，还可能对炉内耐火材料的使用寿命不利，极易造成炉墙耐火砖脱落现象。

因无氧化炉的明火加热段温度很高，可达 1250℃以上，能使带钢以十分快的速度升温，对于薄规格带钢，为了使带钢不出现热褶皱缺陷，可以将明火段五区加热温度设定在 500℃左右，而且使无氧化炉与辐射炉的温度设定差距在较小范围，实践证明：设定温差大于 200℃时不利于热褶皱缺陷的控制。而生产厚规格带钢时由于生产速度较低，可将无氧化炉带钢温度设定为 610~650℃，辐射炉的

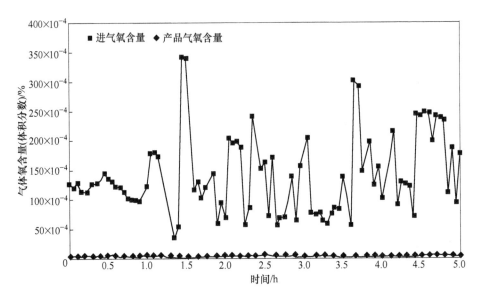

图 3-23　净化前后氮气中的氧含量对比

带钢温度设定在 740℃ 左右，但基本原则是保证废气温度的正常范围和炉压的稳定。

3.4.2.4　退火炉负荷的调整

根据不同的规格，需要合适的操作制度，其中产能的合理控制就是一项重要的措施，实践证明，持续高产能满负荷生产不利于炉况的稳定，这是因为产能太高，无氧化炉五区域满负荷加热，而煤气用量与单位小时产能成正比，焦炉煤气用量大，预热段温度太高，废气温度不易控制，造成炉压波动，温度起伏导致炉墙壁受损严重，极易掉砖，必须合理控制产能以适应退火炉负荷的要求，具体措施为：（1）生产厚带钢时将每小时产能控制在中上等水平，从而实现退火炉热负荷的稳定。（2）调整生产计划，使各种规格带钢搭配适宜，避免持续高产能生产。（3）对炉墙温度分布状况进行及时监控，若高出正常温度范围必须降低机组速度，低负荷生产。如果更换耐火砖后重新启炉，必须缓慢加热，以防新换耐火砖骤热脱落，可以参考图 3-24 的工艺烘炉。

3.4.2.5　带钢张力及炉辊线速度的有效调整

带钢在炉内的运行速度与炉辊的线速度不一致，会使带钢与炉辊产生相对滑动，发生机械摩擦，带钢表面的残余轧制油、铁粉、氧化铁皮等易在炉辊表面黏结聚集，另外，实际生产中，带钢张力调整不当或波动也会发生打滑现象。引起

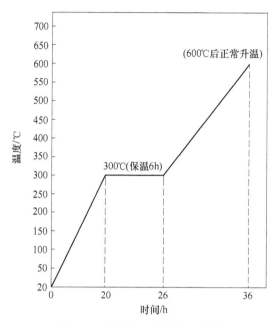

图 3-24　更换耐火砖后烘炉曲线

带钢张力波动的因素很多，如带钢运行速度、温度变化、辊面摩擦与辊径变化等。当生产同一规格带钢时，炉内各段张力是稳定的，但是，当机组速度突然变化时炉内各段张力将会受到影响而波动，图 3-25 所示为某退火炉生产某一规格带钢时机组速度与退火炉内带钢张力的关系，由图可知，前 20min 内机组速度稳定的状况下炉内三个区域张力没有变化，可是，当机组速度突然由 69m/min 降到 67m/min 时，炉内三个区域的张力都发生了波动，且都有增大的趋势，直到大约 7min 后才逐渐稳定。所以，为了防止带钢与炉辊产生相对滑动，退火炉采用单独交流调速，使炉辊与带钢速度同步，对炉辊的线速度进行校准，防止个别炉辊线速度与带钢运行速度不匹配，并对炉内张力计进行标定，以确保炉内实际张力与控制张力相符。

3.4.2.6　生产节奏的掌握

正常生产时炉压为正压，辐射炉压力 8~15mm H_2O，出口段压力 13~20mm H_2O，带钢表面的氧化层在还原炉中能很好地被氢气还原，同时生成水蒸气，退火过程处于稳定平衡状态，但是，当生产节奏突然大幅变化必然会引起炉压的波动，炉压一旦波动，外界氧气极易进入炉内，氢气与进入炉内的氧气发生反应而被消耗掉，退火炉不能很好地还原带钢表面的氧化层，甚至产生更多的氧化铁皮，在高温状态下熔融的氧化铁皮黏附到炉辊上形成辊面结瘤，带钢碾压后在带

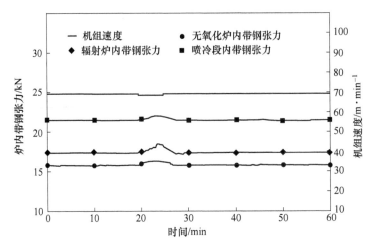

图 3-25　退火炉内带钢张力与机组速度变化的关系

钢上会形成大面积的凹坑和漏镀现象，严重影响了产品质量。为此，退火炉采用对生产节奏进行合理控制，尽量避免炉温和炉压的变化，具体措施如下：（1）提高入口段焊接和出口剪切卷取的成功率，避免机组紧急降速。（2）当机组降速不可避免时，可采用提前降速，增加降速梯度，稳定炉压和使炉温波动较小的方法。（3）采用集中生产同一规格或相近规格厚度的产品，避免不同规格带钢频繁更换。

3.4.2.7　热值稳定控制

由于混合煤气由燃气厂配比后提供给各加热炉，当管道阀门出现故障导致燃气流量变化或其他加热炉生产线煤气用量有变化时，必然引起退火炉混合煤气热值的波动，混合煤气热值过高，会造成废气温度超高，废气风机转速加大，废气烟道压力波动，燃烧不完全，甚至引起爆炸，而且热值过高会导致辐射炉燃烧室尾部损坏，BCU（Burner Control Unit，烧嘴控制单元）不能正常工作；煤气热值过低会造成辐射炉温度降低，板带退火温度达不到退火要求，影响机械性能，会产生漏镀锌及疤状锌层等缺陷，也会引起 BCU 无法正常工作。

有时候退火炉启炉时，辐射炉会出现燃烧器内发出爆鸣声的现象，严重时甚至将管道法兰连接处崩开并损坏燃烧器，分析产生这些现象的主要原因：（1）混合煤气热值不稳定，退火炉在线煤气用量调整系统有一定范围，超出此范围系统将不能进行调整。（2）燃烧器中的空煤混合比不符合现场煤气特性，使燃烧室的燃烧主要集中在尾部，所以尾部焊接处处于高温区发生热变形后裂开，因此冷空气进入烧嘴后不能再次进行预热而被吸入废气烟道，煤气不能和空气混合，最终结果导致 BCU 点不着火。可以参照热值变化规律，调整燃烧器前介质流量孔板的压差 ΔP，标定出适合运行的正常流量范围，控制燃烧气成分，尤其 CO 及 O_2 的含量控制对燃烧器使用寿命的影响非常重要。

3.5　退火炉入口密封装置

在实际生产中，产品在来料正常的情况下仍然出现镀前划伤、漏镀锌缺陷，镀前划痕如图 3-26 所示，漏镀锌如图 3-27 所示。因这些缺陷会大大降低热镀锌

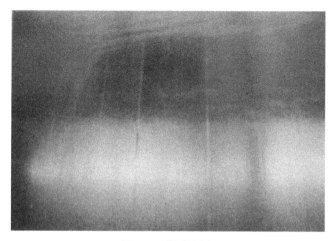

图 3-26　镀前划痕

扫一扫查看彩图

图 3-27　锌层漏镀

扫一扫查看彩图

板的抗腐蚀性，只能降级处理，给企业带来巨大损失。针对热镀锌生产线中立式还原退火炉造成的产品脱锌、漏镀、镀前划伤等一系列缺陷问题，从立式还原退火炉的结构特点方面进行分析，发现入口密封辊由于高温变形而发生停转和辊面冷凝水污染带钢是产生这些缺陷的主要原因，通过对入口密封装置的结构进行设计和改造优化，解决了由此造成的缺陷问题。

3.5.1 入口密封装置

对于冷轧带钢连续热镀锌退火炉，出口段与锌锅中的锌液连接，由锌液密封，因此入口密封是炉内气氛唯一与外界畅通的位置，入口密封辊一定程度上可以保证炉子入口的气密性，入口密封的位置如图3-28所示，它由两个循环水冷辊组成，每个水冷辊由单独的 AC 变频电机驱动，可由工控机在线自动控制。入口密封辊由 UPS 供电，不停止旋转，打开和关闭由两个气缸驱动，根据需要可在线操作，当电机带动拉杆向下运动时，入口密封张开，当电机带动拉杆向上运动时，入口密封关闭。但是，实际生产时入口密封处有预热段大量含有煤气的高温废气外溢，由于密封辊为水冷辊，泄出的废气在辊面形成冷凝水，冷凝水的不断聚集经常会形成水滴下落，正常生产时密封辊是随线速同步运行，这样辊面聚集的冷凝水时常会甩到带钢表面，影响镀锌表面质量，如图3-29所示。如果采

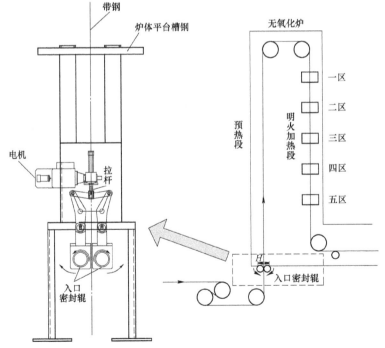

图 3-28 立式还原退火炉入口密封结构

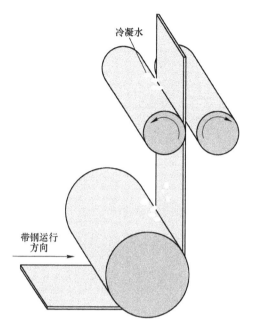

冷凝水

带钢运行
方向

图 3-29　水冷密封辊

扫一扫查看彩图

用实心密封辊，密封辊将无法冷却，由于中间部位受热膨胀，成为凸辊，凸肚部分与带钢距离较近，带钢抖动会间歇性接触，从而造成镀前划痕，如图 3-30 所示。此外，由于入口密封处于高温环境，轴承受热也会发生变形，极容易造成密封辊停转，当密封辊停转，进一步加大了镀前划痕的可能性。

　　原先设计的退火炉入口采用密封辊来防止预热段废气的外泄，密封辊由电机驱动，旋转方向与带钢运行方向一致，因连接处间隙较大，密封辊密封效果不好，有造成预热段大量含有煤气的高温废气外溢的安全隐患。而且由于预热段采用明火加热段的废气加热带钢，温度较高，密封辊工作环境恶劣，为了防止密封辊受热变形，只能采用循环水冷却方式，这种密封形式集驱动装置、润滑系统、循环水冷却系统于一体，结构复杂，故障率较高，维护困难，当循环水冷却系统出现故障时密封辊会因受热变形而发生卡阻停转现象，带钢抖动时就会与辊面摩擦使带钢表面产生镀前划伤缺陷。当预热段的高温废气遇到经过循环水冷却的密封辊时就会发生液化，在辊面产生冷凝水，冷凝水与粉尘、炉壁上脱落的耐材等异物混合后黏附到带钢表面使带钢镀后出现脱锌或漏镀现象，如果异物与带钢上高温熔融状态下的氧化铁皮挤压混合，黏附到辊面上成为辊面结瘤物。不仅如此，高温状态及冷凝水还会造成密封辊辊面涂层使用寿命缩短，换辊频率增加。长期处于相对较高的温度下工作就会逐渐出现辊身变形，轴承、密封等部件寿命缩短，增加了设备的故障概率。

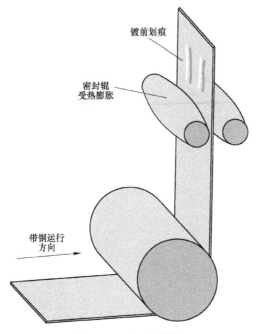

镀前划痕

密封辊
受热膨胀

带钢运行
方向

图 3-30　实心密封辊　　　　　　扫一扫查看彩图

3.5.2　入口密封装置的优化设计

为了提高产品质量，充分发挥退火炉的功能，单纯地依靠入口密封辊来保证退火炉的密封效果是无法满足实际需要的，热镀锌退火炉预热段的密封性控制应在满足退火炉正常运行的基础上考虑对入口密封装置进行优化设计。根据上述对各种缺陷的产生原因分析，针对性地从密封效果和实用性方面进行改造调整，以改善退火炉的运行状况。

对入口密封装置进行改造，摒弃原来的密封辊，改用自行设计的小口径密封箱装置。密封箱外层为钢结构框架，内部为保温性能较好的耐火材料，最内层采用堆垛结构的柔软性较好的石棉，防止划伤带钢，入口口径 h 与原来的 H 相比大大减小，密封箱可以手动打开，不影响正常检修时的穿带。密封箱结构如图 3-31 所示。

改造前，由于入口密封辊辊面易产生冷凝水，冷凝水与粉尘、杂质等异物混合后黏附到辊面上，进入炉内在高温状态下与熔融的氧化铁皮挤压而成为结瘤物，当黏附到带钢表面时，会使带钢镀后出现脱锌或漏镀现象。此外，入口密封辊由于受热变形而发生卡阻现象，进而停转，与带钢接触发生镀前划伤缺陷。密封效果较差，而炉内压力为正压，难以保证未燃烧的气体外溢，优化设计后的入口密封保证了带钢进入炉前的表面洁净度，而且密封口为堆垛的石棉结构，密封口较小，大大减小了煤气外溢的可能性。

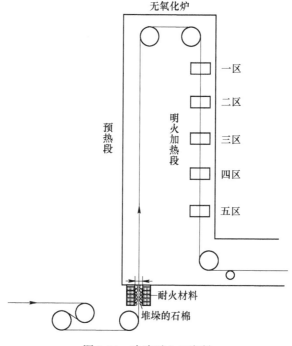

图 3-31 改造后入口密封

3.6 带钢的热褶皱缺陷

3.6.1 热褶皱缺陷的产生机理分析

热褶皱也被称为热瓢曲,主要形式是带钢中部呈现出不规则收缩变形,如图 3-32所示。带钢一旦出现这类缺陷,在后序运行过程中极容易剐蹭气刀嘴,损坏光整辊、拉矫辊及钝化挤干辊,甚至剐蹭到框架发生断带事故,是冷轧带钢热镀锌缺陷中最容易损坏设备的一类缺陷。带钢热褶皱的主要原因是由于带钢宽向中部局部区域张力集中导致不均匀拉伸变形造成的局部屈曲。这种缺陷的产生与带钢厚度、宽度、温度、张力、板形、炉辊凸度有关。即带钢越薄、带钢越宽、带钢温度越高、张力越大、炉辊凸度越大,带钢热褶皱越严重,越容易产生这种缺陷。

热褶皱的产生机理比较复杂,当前比较成熟的理论认为热褶皱是由于温差造成的热变形不均而引起的。在退火炉横截面,由于辐射管的有效长度,炉内宽度的原因,在炉宽上,中心部位炉温高于边缘炉温,带钢中心部位横向热膨胀受到温度低的边缘区域的约束,于是产生热应力,热应力大小由以下公式计算:

$$\sigma = \beta E \Delta T / 1.05 \text{MPa}$$

式中，β 为线膨胀系数，$1/\text{℃}$；ΔT 为温度差，℃；E 为弹性模量，MPa。当带宽温差 $\Delta T > 50 \sim 60\text{℃}$，就可能导致带钢热褶皱。

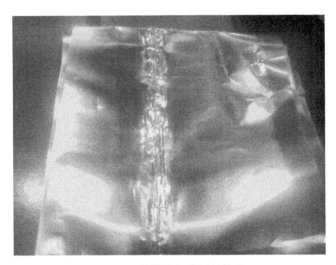

图 3-32　热镀锌板热褶皱缺陷

扫一扫查看彩图

　　温差只是产生热褶皱的一个主要因素，事实上，张力对热褶皱的影响也非常大。热褶皱的力学本质是在某些因素作用下，带钢的张力被集中作用于带钢横向的中部部分宽度区域，使带钢发生了不可逆塑性变形。因此，决定热褶皱产生除了带钢临界屈服应力以外，还有张力（最大值或平均值）的大小以及张力向带钢中部集中的程度（即张力横向分布的不均匀度）。即热褶皱的三个根本决定因素是屈服临界应力值、张力大小，张力横向分布。由于炉辊凸度引起了带钢在横向不均的应力分布，使得依靠在辊表面的带钢产生了一个横向松弛的弹性浪形，如图 3-33 所示，在炉辊旋转过程中，张力将横向松弛的弹性浪形带钢紧包在炉辊上，软钢与辊面之间的摩擦阻碍了这种横向舒展，经塑性变形急剧变化为脊状的皱褶——热褶皱产生。事实上，横向温差，特别是辊面中部温度高于边缘会加剧上述松弛的产生，松弛的积累便造成了热褶皱。

　　退火炉内带钢的热褶皱产生过程可以描述为这样一个过程：炉内横向温度分布的差异→带钢横向温度分布的差异→带钢板形改变→在炉辊中部附近带钢严重不均匀拉伸→热褶皱产生。

　　宏观上讲：板带厚度不均、张力过大、张力控制不当或板带骤热几方面因素都有可能造成热褶皱。一般来说，无氧化炉与辐射炉两区出口板温（设定）差值过大，本身辐射炉的加热梯度很小，单位时间内板带温度变化较缓慢，而无氧

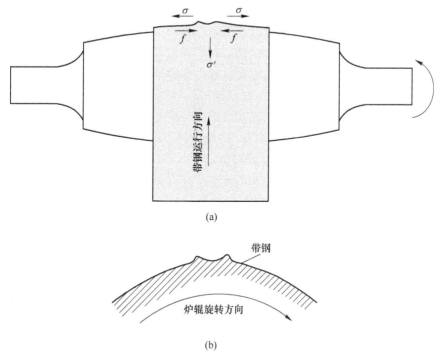

图 3-33 热褶皱产生的机理
(a) 正视图；(b) 侧视图

化炉、辐射炉出口板温设定差值过大，会增加辐射炉的工作负荷，同时增大了辐射炉出口板温和区域温度的波动范围，再加上混合煤气的热值波动，使辐射管短时间持续加热从而造成区域温度过高，在这种情况下易出现炉内带钢热褶皱现象。

3.6.2 热褶皱缺陷的预防措施

凡是能使临界屈服应力减小，使张力增大、使带钢横向分布向中部区域集中的因素，都是热褶皱的促进因素，反之，就是瓢曲的抑制因素。一是尽量降低平均张力并保持其稳定控制（避免张力过载），二是均匀化带钢横向的张力分布。

3.6.2.1 温度

高温使带钢屈服应力显著降低。针对热镀锌线薄规格热褶皱现状，在保证再结晶效果的前提下，尽量采取较低的退火温度（不发生热褶皱的最高温度）。无氧化炉出口板温设定可以执行低温退火工艺，但原则上要求不低于500℃，辐射炉出口板温设定可以执行低温退火工艺，但原则上要求不低于690℃；无氧化炉与辐射炉出口板带设定温差尽量控制在200℃以内，目的是为了缓解辐射炉加热状态的波动性，从而较好的稳定辐射炉出口实际板带温度。

出现无氧化炉或辐射炉板带温度及区域温度波动大时，要及时从各方面原因排查，主要原因包括：规格变化、厚度超差、速度变化、热值（焦煤、混煤）波动、焦煤热值仪工作状态、无氧化炉与辐射炉板温设定差值过大、无氧化炉各区域空气和煤气流量控制、后燃烧空气流量控制、助燃空气风机送风量及压力、热交换后助燃空气温度变化、焦煤、混煤在TOP点的压力状况、辐射炉混煤煤气压力控制、辐射炉助燃风机压力提供状况、混煤热值仪工作状态、BCU工作状态等等。

3.6.2.2 张力大小和控制

张力大小决定因素有工艺张力、带钢速度、温度的变化，辊面摩擦，炉内各段带钢在线自动控制能力等因素，且带钢张力越大越容易导致热褶皱。张力波动的大小对瓢曲的影响比张力本身绝对值大小更大，所以一切能减小张力波动因素的措施，对防止热褶皱都是有利的，在保证带钢正常运行（不跑偏）的前提下，尽可能降低炉内带钢张力。由于是薄规格带钢最容易出现热褶皱缺陷，因此，在生产厚度小于0.5的钢带时，保证炉内不跑偏的情况下，尽量将炉内张力系数降低，根据钢带厚度递变将张力系数设定到0.8~1.0。

3.6.2.3 热值问题

特别是混合煤气热值变化很大，在生产薄规格钢带时，要注意热值仪的工作状态和显示值，如热值仪现场显示热值低于1.3或高于3.0等特殊情况下，焦煤热值通常较稳定，但出现波动时，要及时弄清楚是热值仪出了问题还是实际热值不稳，焦炉煤气热值的波动很容易造成无氧化炉出口板带温度、区域温度的波动，生产薄规格钢带时易出热褶皱，而且焦煤热值的波动也容易引起炉压波动、废气温度波动等现象。

3.7 退火炉张力辊电机气动抱闸系统

电机气动抱闸系统是退火炉乃至整个热镀锌生产机组中和张力辊相配套的必不可少的制动装置，其主要作用是控制张力辊的制动，特别是退火炉内带钢由于高温热塑性抗拉强度低，一旦制动装置失效，极容易发生炉内断带事故。

3.7.1　张力辊及电机气动抱闸系统的工作原理

对于带钢连续热镀锌，气动抱闸系统是张力辊电机制动控制中的一种常用装置，结构如图 3-34 所示。从理论上讲，在正常生产的情况下，整个生产线上的驱动辊都是匀速转动的，张力也是平衡的，全线的抱闸系统都处于打开状态，但是，实际生产中不可避免地会发生意外事故需要停机，如果没有抱闸系统，停车指令发出后三相异步电动机切除电源后依靠惯性还要转动一段时间（或距离）才能停下来，而生产中全线的张力辊要求停车信号发出后及时同步停车，否则张力会不受控，尤其对于较薄的热镀锌板来说，极易造成断带事故。

3.7.1.1　传统气动抱闸系统的结构

气动抱闸系统主要由电磁换向阀和气动闸瓦抱闸头组成，其中，气动闸瓦抱闸头又由气缸、滑芯、滑芯复位弹簧、中间隔膜、闸瓦和接近开关等部分组成，接近开关由一密封盖固定在抱闸头的左端，结构如图 3-35（a）所示。而抱闸片与电动机装在同一根转轴上，形状如图 3-35（b）所示。

3.7.1.2　气动抱闸系统的工作原理

气动抱闸系统如图 3-35（a）所示，其原理是利用压缩空气来控制抱闸的打开和关闭，而压缩空气的通入与否由电磁换向阀来控制，因其操作轻便，容易实现自动化操作，应用极广。正常生产时，张力辊电动机接通电源，同时电磁换向阀也得电打开，压缩空气进入气动抱闸头气腔 2，气腔 2 内的高气压推动中间隔膜克服滑芯复位弹簧的阻力使滑芯向左运动，滑芯 B 端离开闸瓦 a 处，闸瓦在抱闸复位弹簧的拉力下绕 C 点顺时针旋转与抱闸片分开，张力辊电动机正常运转，此时滑芯 A 端靠近接近开关，在感应位置范围内，在 HMI（即人机接口）画面上显示抱闸为打开状态。如果得到停机指令，电动机电源失电，同时电磁换向阀也失电关闭，压缩空气无法进入气动抱闸头气腔 2，气腔 2 内气压减小，滑芯在复位弹簧推力作用下向右运动，滑芯 B 端撞击闸瓦 a 处使闸瓦绕 C 点逆时针旋转，闸瓦紧紧抱住抱闸片，利用动、静摩擦片之间足够大的摩擦力使电动机断电后立即制动，电动机被制动而及时停转，起到紧急同步停车的作用，此时滑芯 A 端离开接近开关，在感应位置范围以外，在 HMI 画面上显示抱闸为关闭状态。

3.7.2　气动抱闸系统存在的问题及原因分析

某热镀锌生产线在实际使用过程中，经常发生接近开关松动，感应位置失效，造成抱闸系统失控，而发生张力辊电机非正常制动的故障。分析原因：传统的气动抱闸系统由图 3-35 中的结构图可知，接近开关由左端的密封盖固定在抱

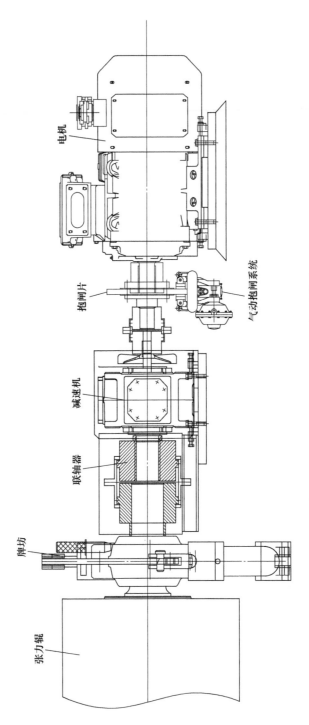

电机

抱闸片

气动抱闸系统

减速机

联轴器

碑坊

张力辊

图3-34 张力辊及电机抱闸系统结构图

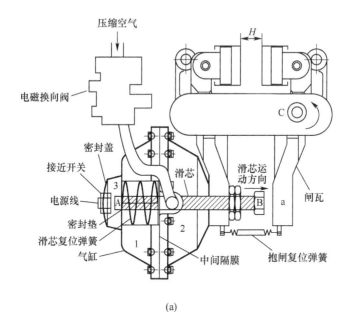

(a)

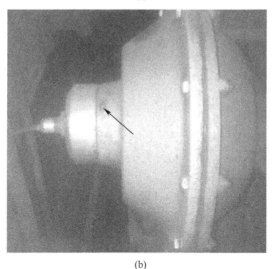

(b)

图 3-35　传统气动抱闸系统

（a）结构图；（b）实物图

闸头上，密封盖、接近开关和抱闸头形成一个小的密封气腔 3。对于抱闸系统的
两种工作状态；抱闸打开：电磁换向阀得电打开，压缩空气进入气腔 2，气腔 2
内的气压大于气腔 1，气压推动中间隔膜带动滑芯向左运动，此时，气腔 1 的体
积减小，气压被迫增大，对滑芯 A 端轴套处的密封垫造成很大的冲击，再加上滑
芯与密封垫频繁摩擦发生失效而漏气，气压由气腔 1 进入气腔 3，气腔 3 内的气

压也会增大，对用来固定接近开关的密封盖产生冲击，而原来通用抱闸头密封盖的设计理念为了便于接近开关的拆卸仅由两个顶丝固定，顶丝位置如图 2 中的实物图箭头所示，固定形式并不坚固。抱闸关闭：电磁换向阀失电关闭，压缩空气停止进入气腔 2，此时气腔 2 和气腔 1 内气压一样，滑芯在滑芯复位弹簧的推动下向右运动，滑芯与密封垫再次摩擦，气腔 3 内的气压又减小。

由此可知，张力辊气动抱闸系统在实际工作过程中，每完成一次制动，滑芯左端轴套处的密封垫就会受到一次较大的冲击和磨损。尤其是制动次数非常频繁的时候，密封垫极易损坏漏气，气腔 3 内的气压反复增大和减小，对固定接近开关的密封盖多次冲击而松动滑落，造成接近开关感应位置失效，抱闸系统失控，被迫停机。遇到这种情况常常对密封垫进行修复和更换，或对接近开关的密封盖进行加固，但治标不治本，工作一段时间后，密封垫又会磨损、漏气，固定接近开关的密封盖又会松动、滑落，感应位置再次失效。鉴于此，该抱闸系统存在的主要问题：气动抱闸在运行过程中，密封垫受气压冲击载荷和滑芯的磨损，整个密封系统很快失效，造成气腔 3 内的气压对密封盖冲击而滑落。所以，这种故障的解决应在保证抱闸正常工作的情况下考虑怎样防止接近开关松动方面的设计和研究。

3.7.3　气动抱闸系统的优化设计

根据接近开关频繁松动的原因分析可得出以下结论：原抱闸系统失控是由于抱闸头滑芯左端轴套密封垫漏气，气压对固定接近开关的密封盖产生冲击，经多次冲击和振动，密封盖滑落，导致接近开关偏离正常的感应位置而造成的，抱闸系统失控引发了全线紧急停机故障，这就是 HMI 画面上总是显示抱闸传感器不一致故障的原因，所以说要想从根本上解决滑芯处密封垫漏气的问题，只能设计新的接近开关固定模式。

首先，对于热镀锌线，抱闸系统频繁制动和打开不可避免，密封垫处漏气问题经常发生，所以，气腔 3 内的气压对固定接近开关的密封盖的冲击很大。其次，密封盖依靠顶丝的固定，如图 3-36 实物图中的箭头所示，由于顶丝对密封盖的固定不够坚固，在气压的冲击下极易松动滑落。

基于以上两点，原抱闸系统采用密封盖固定接近开关的模式是极不合理的。通过分析研究，设计了图 3-36 所示的用铁片在外端固定接近开关的形式来代替原来的密封盖。经过设计改造，新的接近开关固定模式具有以下优点：新的固定模式使接近开关不再松动，和抱闸头漏气没有关系，即使滑芯左端轴套处密封垫漏气，也不会对接近开关进行冲击，不必更换密封垫；因为新的固定模式为敞开式，便于接近开关感应距离的调整；此固定模式结构简单，在线维护和更换方便。

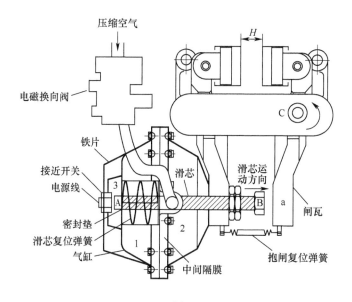

(a)

(b)

图 3-36 优化后气动抱闸系统

（a）结构图；（b）实物图

3.8 本章小结

（1）为了使炉内燃烧气氛处于既能使带钢退火温度达到要求的机械性能又

能达到最佳的还原平衡状态，需要保持退火炉的热平衡稳定。再结晶连续退火消除了钢板的残余内应力和加工硬化现象，获得了均匀细小的等轴晶粒。

（2）IF 钢在保温 90s 不同退火温度（760~860℃）下退火时，退火温度低于760℃时再结晶开始，随着温度的升高，变形组织逐渐变成了铁素体晶粒，810℃基本完成再结晶过程，随着退火温度的增加，硬度降低。IF 钢 810℃保温不同时间（15~60s）下退火时，再结晶发生的时间均在 15s 之前，随着保温时间的增加，硬度降低。

（3）采用 N_2 净化站降低氧含量，避免大幅降速，实现炉压、炉温稳定有利于炉内气氛的控制，空煤比的调整、退火温度控制、带钢张力控制、热值控制等优化操作制度是提高退火炉使用效率的有效方法；保证进入退火炉前带钢清洁无异物是实现炉况稳定的必要措施。

（4）对立式退火炉入口密封装置进行了优化设计，采用密封箱代替循环水冷式密封辊，可以改善热镀锌生产线中由此造成的产品脱锌、漏镀、镀前划伤等缺陷问题，减少退火炉预热段煤气外溢的安全隐患。

（5）热褶皱的产生受带钢厚度、宽度、温度、张力、板形、炉辊凸度多种因素的影响，在保证炉内不跑偏的情况下，适当降低炉内张力系数，在保证退火带钢再结晶及表面质量的情况下，无氧化炉和辐射炉出口板温设定可以执行低温退火工艺。无氧化炉与辐射炉出口板带设定温差尽量控制在 200℃以内，可以缓解辐射炉加热状态的波动性，从而较好的稳定辐射炉出口实际板带温度，可以有效控制薄规格带钢热褶皱缺陷的产生。

（6）抱闸头轴套密封处漏气使接近开关感应位置失效是造成抱闸系统失效的主要原因，设计了一种用外端敞开式固定接近开关的方法取代原来密封盖形式，可以解决热镀锌生产线中张力辊电机抱闸系统频繁出现非正常制动故障的问题。

参 考 文 献

[1] 岑耀东，陈林，杨小明. 大型立式还原退火炉稳定顺行的生产实践 [J]. 锻压技术，2012，37(1)：136-140.

[2] Cen Yaodong, Chen Lin. Reform of entrance sealing device of large vertical reduction annealing furnace [J]. Advanced Materials Research, 2012, 562: 821-824.

[3] 岑耀东，陈林，李振亮，等. 一种便捷的板材高温拉伸夹具 [P]. ZL201921941520. 7.

[4] 许秀飞. 钢带连续涂镀和退火疑难对策 [M]. 北京：化学工业出版社，2007.

[5] 许秀飞. 钢带热镀锌技术问答 [M]. 北京：化学工业出版社，2007.

[6] 李九岭. 带钢连续热镀锌 [M]. 北京：冶金工业出版社，2019.

[7] 李九岭，胡八虎，陈永朋. 热镀锌设备与工艺 [M]. 北京：冶金工业出版社，2014.

[8] 李九岭，许秀飞，李守华. 带钢连续热镀锌生产问答 [M]. 北京：冶金工业出版

社，2011.

[9] 张启富. 现代钢带连续热镀锌 [M]. 北京：冶金工业出版社，2007.

[10] 刘忠诚，刘灿楼，俞钢强. 冷轧带钢连续热镀锌立式还原退火炉研究开发 [J]. 钢铁，2006，41（11）：77-79.

[11] 周旭东，戴晓珑，李俊，林传华. 热镀锌原板变速连续退火再结晶动力学 [J]. 金属热处理，2008（02）：97-99.

[12] 王春喜，陈斌，袁群. 连续镀锌线热瓢曲缺陷原因浅析 [C]. 第八届中国金属学会青年学术年会论文集. 中国金属学会，2016：151-155.

[13] 白振华，石晓东，张岩岩，马续创，胡宝福，傅耀湘，周利. 连续退火过程中带钢热瓢曲产生的机理 [J]. 塑性工程学报，2012，19（01）：97-102.

[14] 张清东，常铁柱，戴江波. 连退线上带钢张应力横向分布的有限元仿真 [J]. 北京科技大学学报，2006，28（12）：1162-1166.

[15] 叶玉娟，周旭东，李俊. 连续退火炉内带钢的张力分布及瓢曲分析 [J]. 锻压技术，2010，35（3）：131-134.

[16] 许秀飞，刘灿楼，张沟. 带钢连续热镀锌退火炉预热区及无氧化加热区的热诊断 [J]. 轧钢，2010，27（3）：33-36.

[17] 崔青玲，李建平，花福安. 连续退火炉冷却气体流场和传热特性的数值模拟 [J]. 金属热处理，2009，34（11）：104-107.

[18] 张俸禄，等译. 传热的有限差分方程计算 [M]. 北京：冶金工业出版社，1982.

[19] 梁红影，饶洪宇. 连续退火后组织性能变化及退火工艺制订 [C]. 2008 年河北省轧钢技术与学术年会论文集（上）：河北省冶金学会，2008：3.

[20] 徐永贵. CAPL 炉内带钢热瓢曲机理的探讨 [N]. 华东冶金报，1994.

[21] 李文科. CAPL 均热室供制度对炉温机带钢热瓢曲的影响 [N]. 钢铁，1996.

[22] 赵永生. 加热室炉温对带钢热瓢曲影响的研究 [N]. 华东冶金报，1994.

4 镀锌控制

4.1 概　述

近几年，市场对热镀锌板的需求猛增，需求越来越呈多元化发展趋势，同时，对热镀锌板的防腐蚀性能和生产规格范围提出了更高、更多的要求。家电、轻工业等行业尤其是电子产品、办公电气和商品包装业不仅需要表面质量非常高的薄规格、薄锌层镀锌板，还需要镀锌板具有很高的耐腐蚀性。因此，为了进一步满足市场需求，扩大产品规模，增加品种类别，提高市场竞争力，生产成本较低的薄规格、薄锌层热镀锌板及高耐腐蚀性热镀锌板成为热镀锌研究人员关注的重点。

本章从市场需求及生产成本控制的角度出发，总结了超薄锌层热镀锌板及高耐腐蚀性的研究进展，探讨了冷轧带钢热镀锌产品的耐腐蚀性、锌层厚度减薄、锌渣控制、锌层精度控制等关键技术，为同行开发生产高等级热镀锌板提供参考。

4.2　超薄锌层热镀锌板

超薄锌层热镀锌板可以认为是锌层厚度较薄，可以与电镀锌板锌层厚度相接近的热镀锌板，由于超薄镀层热镀锌板的优越性，国内外钢铁企业和科研机构对此做了大量的研究探讨工作。

4.2.1　超薄锌层热镀锌板研究的必要性

锌层厚度对热镀锌的耐腐蚀性影响较大，生产厂家一般根据市场需求控制锌层厚度。单面锌层质量低于 $50g/m^2$ 的镀锌板最主要用于家电板、电子产品和包装业方面，这时外层还必须进一步彩涂或涂塑料，采用这类用途的镀锌板主要是电镀锌板的市场。但是，电镀锌板的生产成本较高，产量也低，目前在全世界的生产能力仅为热镀锌的1/7左右，虽然电镀锌的产量在不断地增长，但远远不能满足市场需求。我国超薄锌层热镀锌薄钢板主要有三大市场：家用电器制造业、轻工业和商品包装业。其中家用电器制造业是市场的主流，其采用热镀锌板做彩涂板基材,彩涂板作为家电外壳,如计算机、微波炉、洗衣机、空调、电冰箱等。我国家用电器于20世纪80年代初起步,经过十几年的发展,具有了很强的制造能力,生产规模占世界总规模的比率日趋升高。随着我国家电业的发展及家电产品质量、档次的提高,家电用热镀锌板的需求量将继续保持上升势头,因此,家电用热镀锌板有着很大的发展空间。轻工业是超薄锌层热镀锌板消费的又一大市场,如集装箱、通风管道、粮仓、包装桶、儿童玩具等。商品包装业也是一个不可忽视的消费渠道,如罐头盒、油漆桶、饮料桶、各种类型的瓶盖等。这部分产品作为民用必需品将会是一个永恒的市场。我国是一个经济大国,也是一个消费大国,超薄锌层热镀锌板的潜在市场十分广阔。

高质量、高档次的热镀锌板,尤其是汽车、家电、电子产品,防盗门用镀锌板,要求具有非常高的表面质量、优良的板型、不同的合金化镀层、深冲性能良好、强度高。在某些产品的质量和性能上超薄锌层热镀锌板在我国虽能生产,但质量和价格却不如进口产品低,也不能完全满足用户要求,所以,我国未来的超薄锌层热镀锌板将会向以下方面发展。

(1) 良好的表面光洁度。主要是依靠锌液成分的调整和镀后冷却速度的控制实现无锌花产品。

(2) 合金化镀层的开发。这种镀锌板具有良好的涂料密着性和焊接性,强度高。

(3) 优良的板形。热镀锌板的光整和拉矫工艺日趋成熟,尤其是光整工艺不仅可以使带钢表面得到均匀一致的银白色外观,还可以很好的改善板形。

(4) 无锌花产品的生产。因无锌花产品的耐腐蚀性能优越,涂装性能好,是彩涂板的理想基板,应用范围将不断扩大。

(5) 高的深冲压性能。需要调整基板成分和改善退火工艺,这方面,IF钢即无间隙原子钢因其优良的特性,成为热镀锌板的生产原料,现在是研究热点。

(6) 较薄规格带钢的生产。因包装行业需要较薄规格带钢,所以,不仅要镀层薄,带钢基板厚度也要较薄,目前国内部分厂家生产0.31mm厚度的带钢已经实现,但能否大批量生产0.25mm或以下更薄厚度的带钢,将是一个新的挑战。

低成本、高质量、高效率是当前世界工业的发展方向,多元化、功能化、高档化是当前世界市场的发展需求,在这种前提条件下,超薄热镀锌板具有明显的实用性。随着冷轧带钢生产技术的不断成熟,超薄锌层热镀锌板生产工艺的不断完善和表面质量的不断提高,在今后的市场竞争中越来越显示出它的优越性。在中国加入WTO后,镀锌板的市场销售打破了国界,国外优质低价的镀锌板可以参与国内市场的竞争,这对国产机组产品的市场销售更是一个大的冲击。由此可见,未来我国镀锌板的市场竞争是相当激烈的。而竞争的焦点就是质量和成本,谁的质量好、成本低就能生存，反之，就在竞争中被淘汰。超薄锌层热镀锌板因其具有和电镀锌板相近的锌层厚度，但具有生产成本低、产量大、锌层性能优等特点，必将有广阔的发展前景。

4.2.2　超薄锌层热镀锌板的生产技术及方法

冷轧带钢热镀锌的生产工艺：将经过退火后的钢板浸入熔融的锌液中，依靠从气刀嘴喷射出来的高流量压缩气体刮削掉出锌锅后带钢上多余的锌液。通过调整气刀喷吹压力和气刀与带钢之间的距离来控制锌层的厚度和均匀性。因为出锌锅后带钢上的镀锌量为泵升作用自然带出的锌量减去气刀刮削掉的锌量后留下的数量，镀锌量的多少受自然带锌量和气刀刮锌量两个因素的影响。所以，所有超薄锌层的控制都是从这两方面进行的。

4.2.2.1　通过增加锌液的流动性达到减薄锌层的目的

锌液的流动性对自然带锌量的影响很大，实践证明，提高锌液的流动性可以有效减薄锌层厚度，长期以来，人们认为锌液温度越高锌液流动性越好，但相关研究认为，锌液流动性和温度几乎没有关系，固体锌块熔化后就具备一定的流动性，进一步提高温度，锌液的流动性几乎保持不变。锌液的流动性主要取决于锌液中的铁含量（质量分数），即铁含量（质量分数）越高，锌液流动性越差。铁在锌液中的饱和浓度随锌液温度增高而上升，例如 450℃ 时，铁在锌液中的饱和浓度为 0.03%，500℃ 时为 0.15%，600℃ 时为 0.4%。由此可见，高温镀锌时，因为锌液中含铁多，锌液流动性差，得不到薄镀层。目前，钢结构热镀锌全部采用了低温镀锌，热镀锌温度控制在 435~440℃，由此获得了薄镀层。

提高锌液流动性的主要措施是向锌液中加入一定量的铝来除铁。铁在锌液中以铁锌合金状态存在，铝和铁在锌液中可发生化学反应：$2FeZn_7 + 5Al \rightarrow Fe_2Al_5 + 14Zn$，其中 Fe_2Al_5 可上浮成为面渣而除铁净化锌液，提高锌液流动性，从而容易把锌层吹薄。锌液中铝含量（质量分数）和锌层厚度的关系见表 4-1。

表 4-1　锌液中铝含量（质量分数）和锌层厚度关系

机组速度 /(m·min⁻¹)	锌液中铝含量 （质量分数）/%	锌层厚度（双面） /(g·m⁻²)	铁含量 （质量分数）/%
90	0.16	85	0.030
90	0.18	80	0.029
90	0.25	75	0.026
90	0.50	60	<0.010

注：风机排风量为 5400m³/h，风机电机功率为 132kW，锌液温度为 460℃。

此外，在锌液中加入稀土也有益于锌液流动性的提高。稀土元素的主要作用是细化晶粒，降低锌液的表面张力，且在一定范围内表面张力随着稀土含量（质量分数）的增加而减小。稀土加入后对镀层的均匀性、表面质量等都有不同程度的提高。我国稀土资源丰富，在稀土对锌液流动性影响方面的研究也较多，有研究认为在相同温度下，稀土合金的加入量为 0.3% 时可以显著提高锌液流动性。在常规热镀锌温度 450℃ 时，加入稀土合金其流动性可以提高 16.5%。锌液流动性测定结果见表 4-2，在 460℃ 时，锌液流动性能从 120mm 提高到 146mm。但由于稀土元素熔化温度远远高于锌液温度，因此，如何将稀土元素熔入锌锭中形成合金来满足镀锌工艺添加锌锭的需求，目前技术尚不成熟。

表 4-2　锌及锌铝合金中添加稀土的流动性比较　　　　　　　（mm）

温度/℃	Zn	Zn-Re	Zn-Al	Zn-Al-Re	Zn-Al-Re-Mg
460	120	146	115	136	138
480	133	188	122	138	162

4.2.2.2　通过改善气刀结构增加刮锌力的方法来减薄锌层

在气刀刮锌过程中，由气刀嘴喷射出来的气流大部分向四处发散，衰减掉了，只有一部分喷到了带钢表面上，而真正喷到带钢表面的这部分气流才对带钢上的锌液有冲击作用，这种冲击作用的大小决定了锌层的厚度，为此，如何使气刀嘴喷出来的气流衰减的最少，尽可能多的喷到带钢上，成了气刀设计人员所需解决的问题，因此，各气刀生产厂家在这方面做了不少研究，美国的 Kohler 是在国内应用最早的气刀，由于上刀嘴平直段较短，下刀嘴有一个向上的弯角，喷射出的气流平稳性较差，不仅锌层厚度很难控制到较薄数值，而且边部过镀锌缺陷也不易控制。日本的日立 Hitachi 气刀围绕气体的层流作用进行了较为先进的设计，最显著的特点就是增加了上下刀嘴的平直段，气体的层流很好，刮锌力比Kohler 要高，国内的宝钢镀铝锌线就引进了这种气刀。德国 Foen 开发的方凳气刀是国内较常用的一种气刀，因其下刀唇也是平底的，且平直段较长，气流有较好的导向作用，气流对钢带的冲击力和刮锌效果较好，据介绍，单面最低镀锌量可以达到 12.5g/m^2，锌层厚度可以与电镀锌相媲美，是目前所有气刀所能达到的最低值。Dum 开发的杜马气刀是到目前为止最为先进的气刀，它集中了前面各种气刀的优点，特别是对带钢的横向和纵向锌层厚度的控制有独到之处，虽然其价格较昂贵，但在当今世界经济快速发展的形势下，对于以质量求发展的现代化生产企业来说，一次性投资的成功，无疑是最重要的。

4.2.2.3　通过提高气刀风压来减薄锌层

不管何种气刀,其基本原理都是一样的,即依靠从气刀嘴喷射出来的高流量压缩气体刮削掉出锌锅后带钢上多余的锌液,通过调整气刀喷吹压力和气刀与带钢之间的距离来控制锌层的厚度和均匀性。那么,提高气刀风压是减薄锌层最直接、最有效的方法。有热镀锌厂家通过在气刀风机进风口串联一台风机的方法有效提高了气刀风压,压力升幅达21%,提高了气刀的刮锌能力,大大减薄了锌层厚度,从而既实现了锌耗的降低,又使生产线的产能得到了较充分的发挥。还有厂家在压缩机与气刀喷嘴之间通过加热装置对气体加热,大大减薄了锌层厚度。通过实践,不仅探索出了喷吹气体压力与不同超薄镀层之间的对应参数,而且还能实现热镀锌板常规厚度镀层生产工艺与超薄镀层生产工艺的快速切换。

4.2.2.4　通过改变气刀喷射的气体介质减薄锌层

大部分热镀锌板生产厂家都使用压缩空气作为气刀的喷射介质,但是,气刀内喷出的压缩空气在刮削钢带表面多余的锌液的同时,也有明显的副作用,那就是对钢带表面锌液的氧化作用和冷却作用,而氧化作用的影响尤其明显,极易造成锌渣四处喷溅和锌锅表面结渣,尤其是随着气刀风压的增加,这两个问题将会更严重,这就影响了锌层厚度的进一步控制,对于锌层质量要求不太高的生产厂家,压缩空气作为气刀刮削锌层的介质无疑是最经济实用的理想介质,但是,想要更好的控制锌层质量和厚度,压缩空气作为气体介质就不能满足使用要求,在这种情况下,国外部分汽车板生产厂家使用 N_2 气作为气刀喷射的介质来取代压缩空气,获得了更高的表面质量,而且提高了气刀的刮锌能力和走带速度,相对压缩空气可以得到更薄的镀层厚度。使用氮气 N_2 作为介质还有另一大好处,那就是使钢带表面锌液的氧化作用达到了最小水平,锌锅表面几乎无锌渣产生。国内尚未看到采用 N_2 气作为气刀喷射的气体介质的报道。

4.3　高耐腐蚀性热镀锌板

4.3.1　热镀锌板高耐腐蚀性研究的必要性

为了适应市场需求,降低生产成本,可以减薄锌层厚度,但是,这并不意味着可以忽略热镀锌板的耐腐蚀性。近几年,随着市场供求关系的调整与改变,热镀锌板面临着日益激烈的竞争,开发新品种以提高产品耐腐蚀性成为赢得销售市场、提升企业竞争力的关键。而且在能源越来越紧张的今天,在保证耐腐蚀性能的前提下,还要尽可能减少锌耗和能耗,降低成本。而过去单纯地依靠增加锌层厚度来提高热镀锌板的耐腐蚀性，已经不能适应社会经济的发展需求。因此，为了合理地满足用户要求的使用性能，生产低成本、全品种和节能环保的高耐腐蚀性热镀锌板，成了研究热点。

4.3.2 高耐腐蚀性热镀锌板的生产技术及方法

在带钢表面进行热镀锌主要是使环境介质与带钢基体隔离开，从而起到防腐蚀的效果。因此，镀层的致密性、完整性和良好的附着性均影响到镀锌板的耐腐蚀性能。在热镀锌生产过程中，影响产品耐腐蚀性的因素主要是镀锌的工艺和镀后处理工艺，而镀层自身的特性也会影响到产品的耐腐蚀性。

4.3.2.1 锌层附着性

镀锌板的耐蚀性主要取决于镀层的结合力，而镀层的结合力又主要受原料、退火、浸锌过程的影响。原料的影响因素为冷轧板的化学成分、表面粗糙度、表面清洁度等；退火过程的影响因素为 NOF（无氧化段）的气体成分、温度、压力、带钢停留时间等；浸锌过程的影响因素为带钢入锌锅温度、锌液成分、锌液温度等。目前，对热镀锌板锌层附着性及耐蚀性的研究主要集中在镀层的微观组织和成分方面：热镀锌板的耐蚀性受镀层基体织构的影响，改变锌液成分可以改变基体织构对热镀锌层的影响，从而获得组织致密、厚度适宜且耐蚀性较高的镀层；以热浸过程模拟装置（HDPS）研究热镀锌工艺参数对耐蚀性能的影响发现，Al 含量（质量分数）、锌液温度、浸锌时间、冷却时间等参数最佳配合时，热镀锌板的腐蚀速率比普通热镀锌板地降低了 0.147 ~ 0.234mm/a。利用 SEM-EDS、EPMA 等方法对连续镀锌板镀层组织及成分分析认为，带钢表面碳沉积、锌镀层中出现中间相、分层、夹杂其他固体杂质及表面过度氧化是导致镀层黏附性不良、在加工成型中开裂脱落的主要原因；对试样斜磨后观察正常镀层的 Fe-Al 抑制层发现，镀层的粘黏性与退火炉有很大关系，NOF 段空燃比（过剩空气系数）偏低时，带钢表面碳富集导致黏附性不良；NOF 段板温与空燃比过高时，氧化严重导致还原段负荷过重，表面还原不良引发黏附性不良，靠近基板的镀层处存在大量 ZnO，从而影响了其耐蚀性。

4.3.2.2 合金化钢板

镀锌板在合金化炉中经扩散退火处理后形成了合金化钢板（GA）。退火过程中 Fe-Zn 相互扩散，纯锌层转变成合金层，形成一层较厚、致密、不溶于水的非活性氧化膜，能阻止氧化的进一步发生。GA 板的韧性比镀锌板有所下降，但焊接性和耐蚀性大大提高，已在汽车行业得到了广泛应用。通过中性盐雾试验（NSST）和电化学试验对 DX56 热镀纯锌钢板（简称 GI）及其合金化钢板（GA）

进行耐蚀性试验，得到了 GI 和 GA 板产生红锈面积和失重随时间的关系：GI 板和 GA 板在 2%NaCl 溶液中的 Tafel 极化曲线和电化学阻抗谱表明，GA 板比 GI 板具有更好的耐蚀性能。用 X 射线衍射和动电位扫描方法研究热浸镀锌钢板镀层织构、相分布和耐蚀性的关系发现，镀锌层各相耐蚀性不同，合金相的高蚀性高于纯锌相，且 Fe-Zn 合金相的耐蚀性随铁含量（质量分数）的增加而增加。

与普通的热镀锌钢板相比，合金化热镀锌钢板具有优异的焊接性、涂装性以及涂装后漆膜耐砂砾冲击性，且耐蚀性能好，但是，粉化问题也是合金化热镀锌钢板急需解决的问题，如何进一步提高热镀锌钢板的抗粉化能力，仍是一个重要的研究课题。

4.3.2.3 合金镀层

为了满足用户多样化的要求，锌合金技术应运而生，近几年得到了飞速发展。向锌液中添加 Al、Mg、Ni 和微量稀土，锌层的合金晶粒可得到明显细化，且更加致密均匀，其耐蚀性得到了提高。为得到耐蚀性较高的多元合金镀层，在 Al-Zn、Zn-Mg 镀液中加入 Re、Al、Mg 元素，获得了 7 种热镀锌层。不同的合金元素锌层全浸和中性盐雾试验的平均腐蚀速率见表 4-3。由表可知，加入 Al、Mg、Re 等元素后镀层的耐蚀性大大提高，说明 Re、Al、Mg 均能提高锌基镀层的耐蚀性能，其中以 Zn-1%Al-2%Mg-0.1%Re 合金镀层的耐蚀性能为最佳，约为纯锌层的 2 倍。

表 4-3 不同镀层全浸和中性盐雾试验的平均腐蚀速率

镀层	腐蚀速率 $v/(g \cdot m^{-2} \cdot h^{-1})$	
	全浸	盐雾
Zn	0.1142	0.7163
Zn-1%Al	0.1078	0.6062
Zn-1%Al-0.1%Re	0.0926	0.5387
Zn-2%Mg	0.0847	0.5832
Zn-1%Al-2%Mg	0.0717	0.4483
Zn-1%Al-2%Mg-0.1%Re	0.0659	0.3237
Zn-1%Al-2%Mg-0.2%Re	0.0718	0.5702

（1）Zn-Al 合金镀层。在各种大气腐蚀环境下，Zn-Al 合金的耐蚀性都比纯锌

好，且不同成分的 Zn-Al 合金容易制备。Zn-55%Al-1.6%Si（Galvalume）新型镀锌产品耐热性高，温度可达 375℃ 以上，耐蚀性好，比普通热镀锌层高 2~4 倍，耐蚀性和热镀 Al-4%Si 合金镀层相似，盐水浸泡、抗高温氧化、抗高温硫化氢腐蚀性与铝镀层接近，还具有一定的牺牲阳极保护性能。Zn-23%Al-0.3%Si 镀层硬度高、韧性好、耐蚀性高，其耐蚀性是常规热镀锌层的 5~6 倍，优于 Galvalume 镀层。

（2）Zn-Mg 及 Zn-Al-Mg 在锌液中添加 Mg 可提高锌层的耐蚀性。Zn-0.5%Mg 镀层钢板比传统镀锌板具有更高的耐蚀性，且生产工艺及成本均无大的变化。在纯锌或 Zn-0.2%Al 中加入 0.5%Mg 时，镀层的 SST 试验腐蚀率下降到最低水平，在相同镀层厚度（或镀层质量）条件下，Zn-0.5%Mg 镀层耐蚀性为普通热镀锌层的 1.5~2 倍；耐大气加速腐蚀性能是普通镀锌板的 3 倍；试验证明，Zn-0.5%Mg 镀层复合循环腐蚀失重仅为普通镀锌板的 1/5。锌铝镁镀层 ZAM 成分为 Zn-6%Al-l3%Mg，耐蚀性为纯锌镀层的 10 倍，为 Galvalume 合金的 5 倍。高耐蚀性新型热镀合金钢板（Supekdima）成分为 Zn-(10%~12%)Al-(2%~4%)Mg-1.0%Si，耐蚀性为纯锌镀层的 15 倍，为 Galvalume 合金的 5~8 倍。Zn-4.5%Al-0.1%Mg 镀层板（Superzinc）和 Zn-0.5%Mg 镀层钢（Dimazinc）也具有更优异的耐蚀性能。

（3）Zn-RE 在热镀锌时添加稀土元素可改善镀层的性能，减少镀层厚度，提高耐蚀性能，然而在镀层耐蚀性提高的机理方面有不同的观点，多数学者认为，由于稀土能净化杂质和细化晶粒，并富集于镀层表面，可在表面形成致密而均匀的氧化层，一定程度上阻止了外界杂质原子向合金内部扩散，从而延缓了氧化和腐蚀过程，使镀层耐蚀性提高。制备 Zn-0.18%Al 镀层时加入稀土可以提高锌浴的流动性，稳定 Fe_2Al_5 抑制层，大大提高涂层的耐蚀性，最佳稀土含量（质量分数）为 0.045%~0.069%。向热镀锌（Zn-0.2%Al）锌池中加入微量 La，采用热镀锌模拟机制备含 La 的锌镀层，盐雾腐蚀、全浸腐蚀失重和线性极化显示，含 La 镀层中的 La 并未明显抑制白锈的产生，但明显抑制了红锈的产生和扩展，La 提高了镀层的耐蚀性能，其最佳含量（质量分数）为 0.04%~0.07%。

研究稀土元素对镀层耐腐蚀性的影响具有重要意义，但由于稀土元素熔化温度远远高于锌液温度，因此，如何将稀土元素融入锌锭中形成合金来满足镀锌工艺添加锌锭的需求，目前技术尚不成熟。

（4）锌花形貌。热镀锌板的锌花形貌对热镀锌板的耐蚀性有很大的影响，而对锌花的形成机理和锌花在各种不同环境下的腐蚀规律还没有成熟统一的认识，目前仍处于研究探讨中。国外人员对经过含有低浓度铝和铅的锌浴的镀后样品，在扫描电子显微镜下观察锌花形貌和大小，研究了其对耐腐蚀性影响，通过研究不同形状的锌花（羽毛状、波纹状、正交树突状、脊类状等）。对镀锌板的显微结构进行详细分析，通过扫描电镜、x-射线分析（SEM/EDX），对其进行盐雾试验和二氧化硫腐蚀试验，认为不同形状的锌花耐腐蚀性不同。日本的Fujisawa开发了一种新的热浸Zn-5%Al钢板"JFE ECOGAL"，通过在锌浴中添加少量元素来改变锌花形貌，据称这种锌花不仅具有良好的耐腐蚀性和美丽的外观，还具有优良的氧化电阻、耐碱性、焊接性等性能，因其耐腐蚀性大大高于普通热镀锌板，可用于建材、电子产品等。

国内人员采用扫描电子显微镜（SEM/EDS）对热镀锌钝化板锌花形貌及不同时间中性盐雾试验后热镀锌钝化板锌花的腐蚀形貌进行了分析，研究了热镀锌钝化板表面形态、微区成分及锌花形貌对其耐蚀性的影响。见表4-4，热镀锌钝化板镀层锌花形貌对其耐性有很大的影响，与灰暗区相比，光亮区有更好的耐蚀性，腐蚀优先出现在灰暗区添加元素富集处。采用金相显微观察、能谱分析（EDS）、中性盐雾试验（NSS）和电化学阻抗谱（EIS）研究热Zn-0.05%Al-0.2%Sb合金镀层表面的三种锌花：亮锌花、羽毛状锌花和暗锌花。三种锌花表面都存在明显的Sb、Al偏析，按照亮锌花、羽毛状锌花和暗锌花的顺序，耐盐雾腐蚀性能依次降低。

表4-4 灰暗区和光亮区盐雾试验结果

区域	盐雾出锈时间/h	120h后腐蚀率/%
灰暗区	24	100
光亮区	48	10

随着研究的逐渐深入，通过改变锌花形貌来提高热镀锌板的耐腐蚀性具有重要的研究意义，有必要加强对锌花的研究。

4.4 降低锌锅出渣率的关键技术

锌渣的产生是热镀锌生产中锌损耗的一个重要途径，在生产成本中占有很大比例，通过改进工艺操作方法，降低实际生产中锌渣的生成量，对提高生产质量，降低成本有非常重要的意义。

4.4.1 降低锌锅出渣率的必要性

锌渣是以Zn、Fe、Al等成分为主，包含其他杂质的混合物。它的含锌量高达94%，所消耗锌约占用锌总量的20%~35%。锌渣沉积还会造成锌锅局部过热，缩短锌锅寿命，锌渣粘在沉没辊上还会严重影响带钢质量，产品形成锌渣缺陷，如图4-1所示。

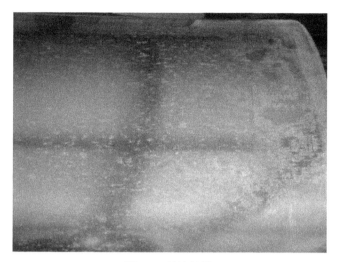

图 4-1 锌渣缺陷   扫一扫查看彩图

4.4.2 锌渣的产生原因及控制方法

锌渣是由于带钢进入锌锅时，带钢表面残留的铁粉粒子、轧制油或其他杂质被带入锌液中，与锌液发生反应，形成的 Zn、Al、Fe、O 的复杂化合物。锌渣按其形态可分为底渣、悬浮渣、面渣。悬浮渣和面渣在带钢运行中易黏附到带钢表面上，形成锌渣缺陷，底渣如果由于受力浮起也易形成面渣。锌渣的产生主要受锌液温度、锌液中的铝含量（质量分数）、带钢的铁损耗量、来料带钢表面洁净度、带钢退火还原状况等因素的影响，所以要想有效控制锌渣的形成，应尽量减少熔融锌中的含铁物，采取措施延缓含铁物与熔融锌的反应。针对这些影响因素，对热镀锌工艺、操作等方面进行研究。

4.4.2.1 控制锌液温度和带钢入锌锅温度

影响带钢溶入锌液中铁的数量的最主要因素是锌液温度，镀锌时锌液温度最好控制在 450~465℃，在此区域铁的溶解量较少，生成的锌渣量也少，如果锌液温度大于 480℃，带钢的铁损量呈抛物线关系增加，产生的锌渣也较多，根据锌锅的工作原理、锌渣产生的原理以及生产经验，热镀锌锌锅温度可以初步设置在 460℃ 左右，带钢入锌锅温度尽量与锌锅温度接近，具体温度由原料厚度来设定最佳温度值。但基本原则是保证带钢入锌锅温度和锌液温度比较接近，向锌锅中添加锌锭时也要保持恒速，目的也是为了保证锌液温度稳定。

4.4.2.2　控制带钢表面氧化铁皮的产生

带钢在退火炉内还原状况不好，造成带钢表面产生氧化铁皮，氧化铁皮带入锌锅后会与锌液中的 Al、Zn 反应形成锌渣。为了避免氧化铁皮的产生，需要合理控制炉膛内的露点、氮氢保护气含量、直接燃烧段的空煤比等参数，避免带钢表面氧化，减少因氧化物与锌液中铝反应产生的锌渣量。炉膛内气氛的露点是炉内保护气中含水量的标志，露点的高低会影响带钢表面氧化铁皮的还原。在正常生产时，借助于炉内露点的测定和分析就能间接推断出炉内气氛状态。保护气是除氧和降低露点的关键，通常氢气含量控制在 5% ~ 15%。炉内发生如下反应方程式（以氧化铁为例）：$Fe_2O_3 + 3H_2 \Longrightarrow 2Fe + 3H_2O$。

上述反应能否正常进行，对热镀锌带钢的质量影响很大。在氢气通入量允许的范围内，适当提高保护气中氢气的含量，即氢气的分压增大，相对应的氧气分压、水蒸气分压减少，有利于对氧化铁皮的还原和弱还原性气氛的保持。

4.4.2.3　合理控制锌液中的铝含量

在热镀锌时，铁的溶解量与铝含量（质量分数）关系如图 4-2 所示，由图可知，铝含量（质量分数）在 0.2% 左右时带钢溶入锌液中的铁的数量最少，合理控制锌液中的铝含量（质量分数），可以有效控制锌渣的产生。锌液中添加少量铝后，因为铝比锌更活泼，铝对铁比锌对铁的亲和力要大，所以，带钢在进入锌锅时便立即反应形成铁-铝合金层，阻止了铁—锌之间的进一步扩散，铁的溶解量减少了，那么由此产生的锌渣也就减少了。另外，铝有提高镀锌层附着力和把已经形成的重量较重的底渣再转化为重量较轻的面渣的作用，当锌液中有效铝含量（质量分数）在 0.2% 左右时，底渣向面渣的转化比较彻底。由于氧化铁皮的

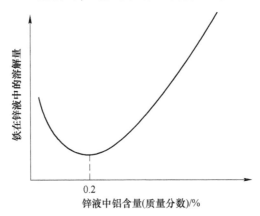

图 4-2　锌液中铝含量（质量分数）和铁在锌液中的溶解量的关系

比重比锌液小，而且氧化铁皮从带钢上脱落时形状多为片状，所以它在降入锌锅后不会沉入底部即可以快速反应完毕，生成面渣。反应式为（以氧化铁为例）：$Fe_2O_3 + 2Al = Al_2O_3 + 2Fe$。

所以，可适当控制锌液中的铝含量（质量分数）在 0.2% 左右，来减少锌锅中的底渣和悬浮渣。应注意镀层中的铝含量（质量分数）高于锌液中的铝含量（质量分数），锌渣中铝含量（质量分数）也高于锌液的铝含量（质量分数）。

4.4.2.4 少捞渣及炉鼻子积灰处理

热镀锌的面渣产生后，如果捞渣较频繁，锌液面上的氧化保护膜被破坏，裸露的锌液将会与空气中的氧反应，一定会再次产生锌渣，所以，在面渣不至于影响带钢表面质量的情况下，尽量少捞渣或不捞渣，即使捞渣，也应该注意不得搅动锌液，防止锌锅内悬渣黏附到带钢上。此外，炉鼻子积灰也是产生锌渣的一个重要原因，而且正常生产时积灰也有可能会掉落在沉没辊上，然后黏附在带钢上造成锌渣缺陷。对于这种炉鼻子积灰问题，可以在炉鼻子外侧安装一个振动器，在停机检修时启动振动器将炉鼻子上的积灰震落，采用折弯形漏勺捞取积灰，如图 4-3 所示。

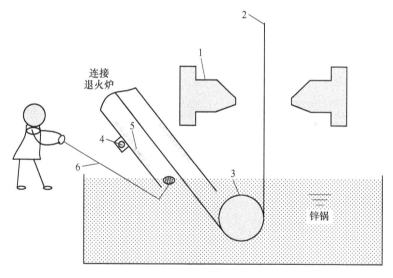

图 4-3　炉鼻子积灰处理示意图

1—气刀；2—带钢；3—沉没辊；4—振动器；5—积灰；6—漏勺

4.4.2.5 加强板带清洗效果

清洗段流程虽然已日趋完善，但是，清洗后带钢残留物（轧制油、铁粉等）

对锌渣的产生不可忽视。提高清洗段对带钢表面去污能力很重要。清洗段的基本工作原理是：钢基·污物+清洗剂→钢基·清洗剂+污物·清洗剂，选取好的清洗剂，调整清洗段各参数使之达到最佳状态，对带钢的清洗效果有非常重要的影响，另外，下碇前必须加强锌锭的清洗质量，减少由于锌锭表面尘土或杂质进入锌液中产生锌渣。

4.5　锌层精度控制技术研究

在冷轧带钢热镀锌生产中，锌层厚度及均匀性控制一直是带钢连续热镀锌生产中的重点和难点，同时，也是评判产品质量等级的一项重要指标。锌层过厚不仅会浪费锌锭等原材料，而且会影响产品的点焊性、附着性、冲压性等使用性能，而镀锌层太薄或均匀性太差则会严重影响产品的抗腐蚀性。因此，提高锌层精度控制对企业改善热镀锌产品质量，降低锌锭耗量，节约生产成本有重要意义。

4.5.1　影响镀锌量的因素

在带钢连续热镀锌生产中，带钢表面最终的镀锌量是带钢由锌锅上升时带出的锌量减去气刀刮锌量而后留下的数量。那么考虑影响锌层的因素应该从以下几方面去讨论。（1）影响自然带锌量的因素。如生产线速度，锌液对带钢的黏稠度等。（2）影响刮锌量的因素。如气刀与带钢的间距、气刀角度、气刀压力、气刀喷嘴类型、气刀与液面距离等。（3）设备问题。如沉没辊组装问题、气刀刀唇间隙精度问题、锌层测厚仪问题等。

4.5.1.1　影响自然带锌量的因素

A　生产线速度

生产线速度是由带钢的厚度和生产情况来决定的。一般我们在生产时不采用调整生产线速度的方法来调整锌层量。但是生产线速度对于锌层量的影响是很大的，所以必须随着生产线的速度的变化调整其他工艺参数来适应这种变化。在气刀作用下钢带速度越快镀层量越大。这是因为生产线速度越快，带钢对锌液的泵升作用就越强烈，带出的锌液也就越多，如图 4-4 所示，同时气刀气流对锌液的相对作用时间越短，刮去的锌量也就越少，这两方面都使得锌层量急剧的增加。因此，我们在实际控制镀层的操作中，随着生产速度的增加，通常都是调整气刀的喷吹压力、距离等参数来抵消速度对钢带镀层的影响。

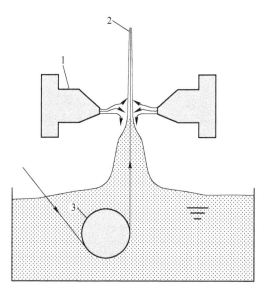

图 4-4 气刀刮锌过程
1—气刀；2—带钢；3—沉没辊

B 锌液的流动性

锌液中的各种微量元素在带钢热镀锌过程中发挥着重要作用，影响着镀层的形成与状态。锌液的流动性主要取决于锌液中的铁含量（质量分数），即铁含量（质量分数）越高锌液流动性越差。锌液流动性差会使锌液的黏性增加，不易被气刀刮削掉，从而严重影响锌层的控制，也影响机组产能的发挥。

4.5.1.2 影响刮锌量的因素

A 气刀吹气压力

气刀的刮锌量取决于冲击钢带的气流速度与气体流量的乘积，即取决于气体的动量：

$$I = Q\omega$$

式中　I——冲击钢带气体的动量，kg·m/s；

　　　Q——冲击钢带气体的质量，kg；

　　　ω——气流冲击钢带时的速度，m/s。

可见，如果气刀刀唇的缝隙固定，气刀内气体压力越大，气流的速度也就越快，喷到带钢表面的气体质量就越大，刮削力也就越强，镀锌量则越小。在生产实践中发现，调整气刀压力是控制镀锌量最方便，最有效的方法。

B　气刀与带钢的距离

实际生产证明，在带钢与气刀的距离为刀唇缝隙的 5 倍以内时，气流不会太分散。但是超过了这个数值，气流的速度就会急剧的下降。反映在镀锌量的关系上，带钢距气刀的距离为刀唇缝隙的 7 倍以内时，镀锌量随与气刀的距离的变化较小，但在此范围以外时，镀锌量随距离的增加而迅速增加。如图 4-5 所示，不过在生产实际中气刀与钢带的距离一般为 10~25mm，超过了气刀刀唇缝隙的 7 倍，所以在生产实际当中得出的数据都是随着气刀与钢带的距离的增加，镀锌量不断增加。

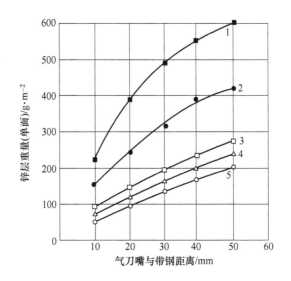

图 4-5　气刀嘴与带钢距离对镀层重量的影响

喷嘴吹气压强/kPa：1—4.9；2—9.8；3—19.6；4—29.4；5—49

C　气刀距离锌液面的高度

在带钢的表面锌液未凝固之前，气刀距锌液的高度越大，则钢带表面锌液在重力作用下流回锌锅的数量越多，在其他条件相同时，镀锌量就会越低。但在生产实际中气刀高度对镀锌量的影响并不大，气刀的高度主要由最大限度地的减少锌液的飞溅来决定。如果距离较高，会使带钢边部容易结渣，如果距离太低，又会使锌锅表面的锌液吹溅出来，导致气刀堵塞。气刀与锌液的距离一般在 180~780mm 范围内。为了防止上述两种现象发生，气刀高度必须根据生产线速度和镀锌量来决定，在薄镀层的镀锌生产中，一般气刀的吹气压力较高，此时须适当提高气刀高度，以免锌锅内的锌液飞溅。而在生产中如果锌锅温度较低，镀层凝固较快，必须尽可能降低气刀高度，保证气刀作用点低于边部开始结晶的高度，才能防止边部过镀锌的产生。

4.5.1.3　设备问题

A　锌层测厚仪不准

实际生产中，在线锌层测厚仪虽然测定锌层及时方便，但不一定精确，尤其是各种厚度的锌层样板没有代表性或测厚仪出现故障，极易导致测厚仪检测数据不准，或由于锌层试验室的检测数据不准，未能准确校验锌层测厚仪。这就容易给操作人员一个误导，操作工按照错误的数据对锌层厚度进行控制，从而影响锌层的控制精度。

B　沉没辊系统问题

沉没辊系统是热镀锌机组中的关键设备，也是消耗品，随着自身的磨损和锌液的腐蚀，一般2~3周就达到使用寿命，必须更换，如果使用前沉没辊装配精度不好，或者使用后期，沉没辊的轴头轴套磨损严重，间隙太大，或带钢运行中由于沉没辊的同轴度不好造成带钢抖动，或沉没辊安装不在正确位置，都会给锌层的控制带来严重影响。

C　板形的影响

板形是严重影响锌层精度的因素，造成出锌锅板形不良的原因主要有两个方面，一是原料问题，从热镀锌的来料看，冷硬板经常存在边浪、中浪等板形缺陷，一般来说，经过退火后的带钢板形会有很大改善，但是，如果来料板形缺陷较严重，经过退火后仍然存在一定程度的边浪、中浪，二是前稳定辊位置不佳，造成板形不良，不管哪种情况，板形不良一定会造成出锌锅带钢的镀锌层不均匀，一定会影响产品的美观及耐腐蚀性，如图4-6所示。

4.5.2　提高锌层控制精度的措施

4.5.2.1　适当控制锌液成分

提高锌液流动性的主要措施是向锌液中加入一定量的铝来除铁。铁在锌液中以铁锌合金状态存在，铝和铁在锌液中可发生化学反应：$2FeZn_7+5Al \rightarrow Fe_2Al_5+14Zn$，其中 Fe_2Al_5 可上浮成为面渣而除铁净化锌液，提高锌液流动性。通常锌液中铝含量（质量分数）为 0.18%~0.20%，但在实际生产中为了提高锌液的流动性，可将铝含量（质量分数）提高到 0.20%~0.24%，在降低镀层上取得了较好的实际效果。同时研究表明，在锌液中添加稀土元素能与锌液中多数合金元素作用，相

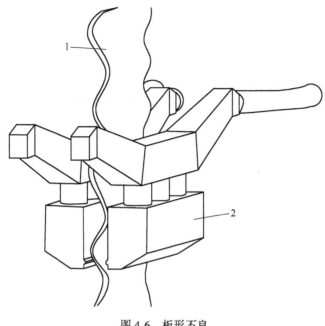

图 4-6 板形不良
1—带钢；2—气刀

互增加溶解度，降低锌液表面张力，进一步改善锌液的流动性，流动性提高了，有利于发挥气刀的刮锌作用，也有利于边部过镀锌的控制。

4.5.2.2 气刀与带钢的距离控制

气刀与带钢的距离（以下简称距离）对锌层厚度的影响非常大，锌层厚度随着距离的增加急剧减少，这是因为距离越远，气流越分散，刮锌力越弱，所以我们必须适当减小距离，一般控制在 30mm 以内，但是，也不能使带钢的浪形在振动时擦到气刀，那样会引起气刀的刮伤或气刀条纹，在此前提下尽量使气刀接近带钢，以增大刮锌量，减少锌层厚度。因此，在生产中必须要辅助加大带钢的张力，调整前稳定辊位置，以减小带钢的振动，使钢带的轨迹在最小范围内波动。

4.5.2.3 校准锌层测厚仪

针对锌层测厚仪测得的在线锌层厚度与检化验测得的数据不一致现象，必须定期采用化学溶剂法或重量法重新对离线的同一样板锌层进行测定，并对测量结果进行对比，以此为参考及时校准锌层测厚仪，为操作工调整锌层厚度控制提供准确依据。

4.5.2.4　提高沉没辊的组装精度

沉没辊加工后再安装前检查表面粗糙度及沟槽是否倒角,有无毛刺、有无硌伤。是否会影响安装精度,防止因间隙太大导致带钢出锌锅后的抖动。安装沉没辊时要保证沉没辊与冷却塔顶辊间带钢的中心线不变,并与气刀的位置最佳配合,沉没辊、稳定辊的轴头与轴套的间隙都是安装时需要注意的参数,安装预紧后也要检查沉没辊的水平线和垂直线的位置,如图4-7所示。

图 4-7　沉没辊系统

扫一扫查看彩图

4.5.2.5　加强带钢的板形控制

带钢的板形是影响锌层厚度均匀性的主要因素之一。来料的边浪、中浪、板面的凸凹不平、板带在炉内的受热不均,都不利于锌层控制。即使来料板形较好,出锌锅后由于张力、速度等参数不合理也会造成板形不良,这将严重影响带钢横向锌层的均匀性,如图4-8所示,图4-8(a)为最理想的板形,此时的稳定辊、带钢、气刀都处于最佳的工作位置,所以两面的锌层厚度基本是均匀的。当带钢位置如图4-8(b)所示时,则带钢的锌层在两面均出现了楔形,这主要是因为首冷段冷却风机搭配不当,带钢前后风压不一致使带钢倾斜造成,必须通过调整风机压力使带钢与气刀平行,一定程度上也可以配合调整气刀倾斜度使气刀与板形趋于平行。当带钢位置如图4-8(c)时,板形将使锌层上板面凸起,下板面凹下,呈扇形状,一般较厚规格带钢常出现这种情况,可以通过调整张力和前稳定辊位置来改善。当带钢位置如图4-8(d)时,板形将使锌层下板面凸起,上板面凹下,锌层也呈扇形状,这一般是因为张力太大或前稳定辊位置不合理,可以通过调整前稳定辊位置或增加本区域张力来改善，也可以适当调整喷冷段温度来减轻。出锌锅后带钢的抖动也是一个不容忽视的问题，带钢抖动会影响带钢表面纵向锌层的均匀性，必须通过调整工艺参数来改善。

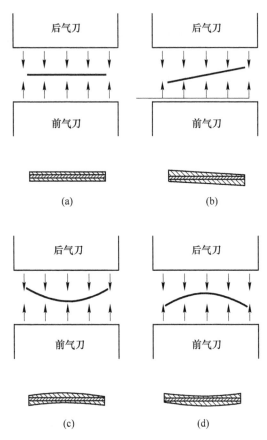

图 4-8　带钢板形示及横向表面锌层示意图

采取以上措施可以有效提高锌层厚度控制精度和均匀性，改善镀锌产品质量，降低锌耗节约成本，提高机组的综合效益。

4.6　提高气刀刮锌能力的优化设计方法

提高气刀的刮锌能力，将大幅减薄锌层厚度，降低生产成本。为了提高热镀锌生产线的生产能力和锌层控制精度，降低消耗，提高市场竞争力，需要制定出更合理的工艺参数，以提高产量，增加经济效益。

气刀是热镀锌生产线上的重要工艺设备，图 4-9 所示为典型的 DAK 气刀，其主要作用是控制锌层的厚度和均匀性。对于要求锌层厚度精度较高的镀锌板来说，气刀的刮锌能力成为制约镀锌生产机组速度的最主要影响因素。

图 4-9 DAK 气刀   扫一扫查看彩图

4.6.1 影响气刀刮锌能力的因素

4.6.1.1 气刀距离锌液高度

如果不受其他条件的影响，出锌锅后的带钢在锌液凝固前，气刀距离锌液的高度越大，则带钢上的锌液在重力作用下流回锌锅的数量就越多，镀锌量就越少，但是，在实际生产中状况变得很复杂，这与气刀压力、带钢厚度和生产速度有关。生产实践证明：当生产较厚规格带钢时，随着气刀高度的增加，带钢上的锌液在重力作用下流回锌锅数量越多，锌层有变薄的趋势。但是，生产较薄规格带钢时，由于气刀风压大，随着气刀高度的增加出锌锅带钢冷却较快，锌液温度急剧下降，黏性增强，随着气刀距离锌液高度的增加锌层厚度略有增加。但不管怎样，气刀高度对镀锌量的影响很小，一般不超过 $2g/m^2$，如图 4-10 所示。在实际生产中，气刀高度的控制主要是由最大限度的减少锌液的飞溅和带钢不出现边部过镀锌缺陷来决定的。

4.6.1.2 气刀压力对镀锌量的影响

对于热镀锌生产来说，气刀吹气压力是影响锌层厚度最直接的因素之一，提高气刀吹气压力是控制锌层厚度最方便、最有效的方法之一。当其他条件一定时，在不同速度下实验得出的气刀压力对镀层重量的影响，如图 4-11 所示。随着气刀压力的增加，镀层重量急剧下降，尤其是生产较厚规格带钢或带钢运行速

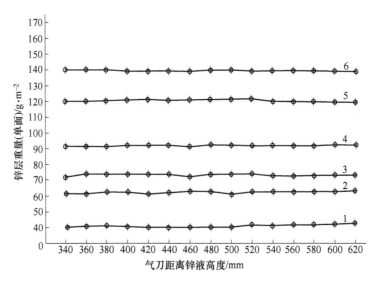

图 4-10 气刀距离锌液高度对镀层重量的影响

喷嘴距离：26.45mm；钢带速度：80m/min

原料厚度/mm：1—0.36；2—0.36；3—0.76；4—0.96；5—1.16；6—1.56

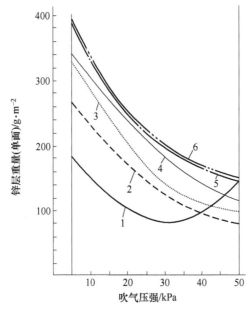

图 4-11 吹气压力对锌层重量的影响

喷嘴高度为 268.5mm；喷嘴距离为 27.25mm；喷嘴角度：前气刀的角度—7°；后气刀的角度—6°

带钢速度/m·min⁻¹；1—30；2—60；3—90；4—115；5—136；6—152

度较快时，影响更为明显，由图可知曲线 5 和 6 的斜率明显比其他曲线大，就是因为其带钢速度较快，气刀能够更好的发挥刮锌作用。所以，为了提高气刀刮锌能力，可以通过从气刀风机管道的改造方面着手，采用提高吹气压力的方法提高气刀的刮锌能力。

4.6.2 提高气刀刮锌能力的措施

4.6.2.1 气刀风机管路及改造方法

某镀锌生产线采用的气刀参数；流量 6000 Nm³/h，最大风压 65kPa，最大功率 160kW。气刀采用两个风机为气刀提供所需的风压，一备一用，两个风机由变速电机控制，最大转速 3600r/min，额定转速 2980r/min，位于气刀管道的两个电磁阀用来控制管线的开闭，控制阀为电动控制蝶阀，以避免由于气中带有污染物而造成气动阀故障的问题。电磁阀带有压力传感器，当单独启动某台风机时，相应的控制阀自动打开，停止风机时控制阀自动关闭。风机管路及阀的位置如图4-12 所示。

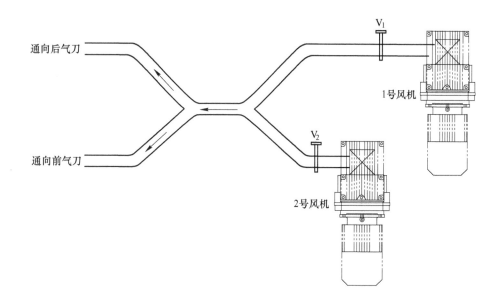

图 4-12 原来气刀管道结构示意图

实际生产过程中，即使在风机达到最大转速，风压也只有 40kPa，远远不能满足生产需要，因此，为了提高气刀风压，对管道进行改造，采用并联两台风机分别给前后气刀提供风压，同时，在两台风机的入风口各增设一台大功率轴流风机,改造方法如图4-13所示,风机使用情况与控制阀状态为:单独使用1号风机:V_1开、V_2关、V_3关、V_4开,单独使用2号风机:V_1关、V_2关、V_3开、V_4开,同时使用2台风机:V_1开、V_2开、V_3关、V_4关。同时采用两台风机可以大大提高进风口,而在两台风机的入风口各增设一台大功率轴流风机,可以大大提高气体流量,有利于风压的提高。

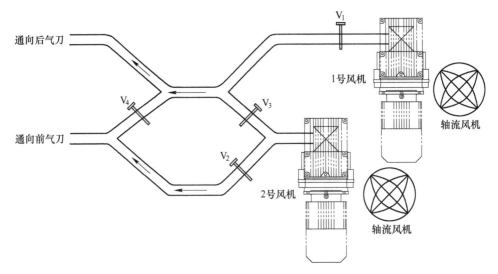

图 4-13 改造后气刀管道结构示意图

4.6.2.2 改造后效果

通过对气刀风机管道的改造,同时采用两台风机并联的方式分别给前后气刀提供风压,同时在风机进风口增设一台大功率轴流风机注入,在两台风机都达到转速3500r/min时,前后气刀风压各提高了15kPa,气刀的刮锌能力明显提高。在其他工艺参数不变的情况下,采用1.0mm×1250mm,计划锌层80g/m²的镀锌板进行试验:当单独使用一台风机按照原来的管路进行生产时,保证锌层质量41g/m²(单面),气刀风机满负荷工作,气刀嘴风压只有40kPa,生产线速度只有75m/min,当采用两台风机同时提供风压时,在保证锌层质量41g/m²时,气刀嘴风压达到55kPa,生产线速度可提高到95m/min,大大提高了生产能力。

4.7 薄规格热镀锌板边部过镀锌缺陷

所谓边部过镀锌是指出锌锅后带钢边部10mm左右范围内出现的锌层超厚现象,锌层厚度比正常高出20%~100%,外观呈现为粗糙的白边,如图4-14所示,特别是原板厚度 0.31~0.41mm，镀层 60~100g/m² 的镀锌板出现这种缺陷时最难处理。一旦出现边部过镀锌缺陷，经出口卷取后，经累积效应，成品卷边部翘起，形成喇叭口，如图 4-15 所示，在使用时打开会产生边浪，如图 4-16 所示。这个缺陷一直是冷轧带钢热镀锌生产中最常见而又难以解决的问题之一，它极大地影响了产品的质量。

图 4-14　边部过镀锌（粗糙的白边）

扫一扫查看彩图

边缘凸起

图 4-15　成品卷边缘凸起

扫一扫查看彩图

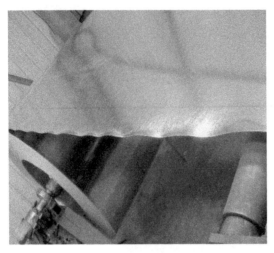

图 4-16　开卷后的边浪

扫一扫查看彩图

4.7.1　边部过镀锌的产生原因分析

边部过镀锌的产生受到很多因素的影响，如原板边部质量、原板厚度、气刀高度、气刀喷吹压力等，需要具体情况具体分析。冷轧带钢正常的生产工艺流程是在轧制前的酸洗工序进行剪边的，这样带钢边部在冷轧过程中会受到大张力和轧制力的作用产生变形，而使剪切后切口的表面状态与其他表面基本一致，略带圆弧状，这样的带钢边部侧面表面光滑，组织致密，没有缺陷，所以在镀锌时若采用合适气刀参数，表面锌层也比较均匀，如图 4-17（a）所示。若轧制以后再剪边的钢带，侧面是剪切后有创伤的表面，这里存在晶格的缺陷较多，表面很毛糙，这就导致钢基中铁原子与锌的接触和反应比较强烈，产生大量的铁锌化合物，形成大量用肉眼可以看到，用手也可以摸到的锌渣，所以厚度较大，如图 4-17（b）所示。如果剪边时刀刃不锋利或间隙不合理，造成剪切毛刺，就会使镀锌时不但产生大量的渣子，而且还会影响边部的形状，带来的影响更大，如图 4-17（c）所示。如果钢带边部存在很多的细小裂纹或锯齿边，则在锌锅内镀锌时裂纹或缝隙中会黏附很多的锌渣或锌液，而且黏附力较强，气刀吹刮较困难，也会因其厚度过大而造成边部过镀锌。这类过镀锌是物理原因造成的，与剪边过的原板镀锌时化学原因造成的边部过镀锌有着本质的区别，如图 4-17（d）和（e）所示。

实际生产过程中，如果可以看到具有明显带渣造成的过镀锌，在边缘部位，边缘处毛糙、发白、光泽感不强，厚处离边部在 5mm 以内，往往是原料问题造成的，如图 4-18 所示。如果从气刀出来的钢带边部明显看出已开始结晶，冷却

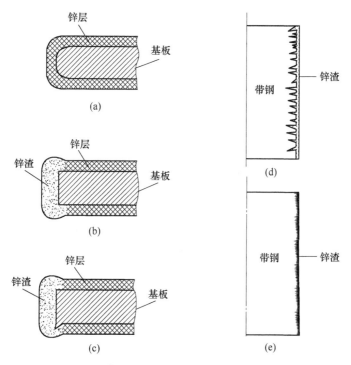

图 4-17 带钢边部缺陷导致边部过镀锌示意图

（a）正常边部；（b）剪切边部；（c）毛刺切边；（d）锯齿边；（e）裂边

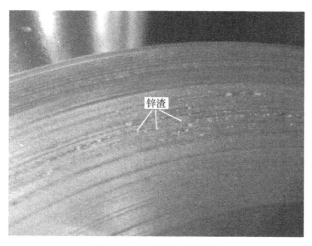

图 4-18 成品卷边部锌渣

扫一扫查看彩图

以后镀锌钢板边部锌花特别小，则很可能是锌锅温度低造成的。此外，除了以上原料存在缺陷可能造成边部过镀锌，在来料正常的情况下，也有可能出现边部过镀锌，如果镀锌钢板边部比较光滑，厚处在离边部4~10mm处，则很可能是气刀参数配合不当造成的过镀锌。

由于锌层厚度控制是依靠从气刀嘴喷射出来的高流量压缩空气（有的生产线采用较高纯度的 N_2）刮削掉出锌锅后带钢上多余的锌液。通过调整气刀喷吹压力和气刀与带钢之间的距离来控制锌层的厚度和均匀性。如果不考虑带钢边缘效应，从气刀嘴喷射出来的气体是一个扁平状的气流，气流的流速在带钢宽度方向的流量分量几乎为零，是一种二维喷射。但是，实际上在带钢的边缘位置，两股相交的气流会发生激烈的碰撞，如图 4-19 所示，流向发生偏转，在带钢宽度方向上有了分量，产生涡流，此时，气体的流向变得非常复杂，刮锌能力减弱。这主要是因为带钢太薄，边部自身散热快，边部锌液温度冷却快；另一方面由于在带钢边部气刀喷吹区域发生偏转的高速气流，此密集的高速气流对带钢边部造成很强的冷却作用，导致边部锌液温度降低（接近凝固点 419.5℃），黏性增强。此时，气刀喷吹的冷却速度大于刮削锌液的速度，气刀的刮削能力不能充分发挥，无法吹掉带钢边部多余的锌液，造成边部过镀锌，而且气刀高度越高、原板厚度越薄、散热越快越容易出现此缺陷。

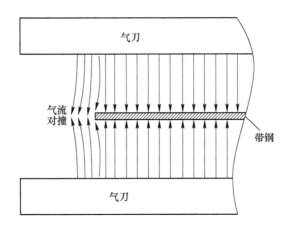

图 4-19 边缘气流偏转（俯视图）

实际生产中为了减少边部散热，只能降低气刀高度，但降低高度后锌渣又四处喷溅，严重影响板面质量。

4.7.2 边部过镀锌的预防措施

镀锌过程中一旦出现边部过镀锌，必须快速查找原因，及时准确处理，否则，会严重影响后序卷形质量。

（1）原料及锌液温度。如果厚处离边部较小，具有明显的锌渣边缘，这时可以查找原料进行验证，看是否存在剪边现象，有无边裂和锯齿边等。一般而言，原料造成的边部过镀锌采用调整气刀和使用挡板的方法都难以奏效，只能更换材料。如果发现边部锌液凝固较快，同时锌锅表面锌渣结块较多，说明是锌锅温度造成的，必须立即提高锌锅温度。

（2）虽然对于各种厚度规格的镀锌板都有可能出现这一缺陷，产生原因也较复杂，但是较薄锌层的带钢主要还是因为气刀刮锌力提高后，风压对带钢边部的冷却速度大于气刀的刮锌速度，这成为阻碍气刀减薄锌层的一大影响因素。最常用的方法就是在带钢边部且平行于带钢的位置设置一对边部挡板，通过调整挡板与带钢的距离和平行度来控制边部气流，这对边部过镀锌有一定的减轻作用，但要使挡板紧贴带钢边沿又极易造成飞溅物的黏附而结渣，如图4-20所示。

事实上，由于薄规格带钢边部散热快，在高压力气流的作用下，边部锌液的冷却速度快于气刀的刮锌速度，如果挡板距离带钢边部太近，两股相交的气流会发生激烈的碰撞，形成涡流，也会加快带钢边部的散热，而且气刀与带钢距离越近，这种影响越大，因此，可以适当增大气刀与带钢的距离，增大气刀压力，即采用远距离、大压力的方式，同时将带钢边部挡板与带钢边部的距离适当调大，可以有效预防边部过镀锌，但是，该方法只适用于原板厚度 $0.31 \sim 0.41$ mm，镀层 $60 \sim 100$ g/m^2 的 DAK 气刀生产，其他气刀和生产规格不一定适用，如图4-21所示。

气刀参数、生产规格、前稳定辊距离这几个条件中任意一个发生变动时，也会发生边部过镀锌，如出锌锅带钢为弓形，如图4-22所示，此时，边部与前后气刀距离不一致，气刀挡板与边部偏离，这种情况下气流非常复杂，也容易出现边部过镀锌。当生产规格发生变化或者前稳定辊位置发生变化时，带钢边部和气刀挡板原本处于的平衡位置打破，带钢边部和气刀挡板中心位置也会发生偏离，如图4-23所示，此时，必须及时调整挡板位置，否则，也会出现边部过镀锌。

（3）通过安装边罩的方式调整带钢边缘气流，一定程度上也能部分消除带钢边缘效应带来的影响，使气流较均匀的喷向带钢边缘，对带钢边部过镀锌有一定的抑制作用。为了防止产生边部过镀锌，在带钢边沿安装边罩，并在带钢边沿和边罩之间安装一接触轮，以便保持两者间的恒定距离。边罩的最佳尺寸为 30mm 宽，$75 \sim 10$mm 深，安装在离带钢边沿 $4 \sim 10$mm 处，如图4-24所示。实际生产表明，边罩可将边部过镀锌从45%减少到10%以下。用边罩和未用边罩效果对比如图4-25所示。

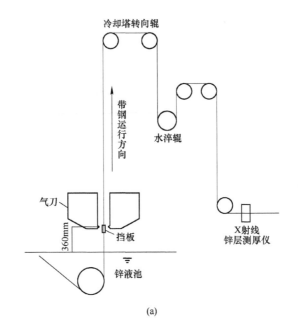

(a)

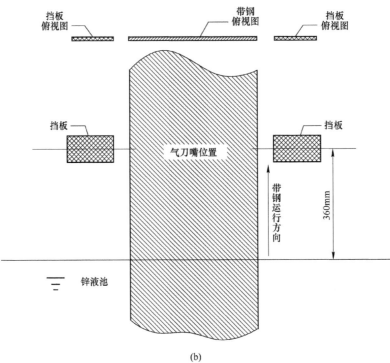

(b)

图 4-20 气刀示意图

(a) 侧视图；(b) 正视图

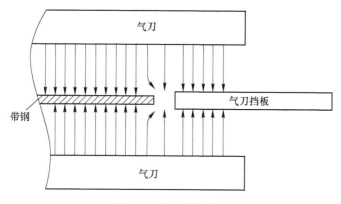

图 4-21 气刀挡板位置

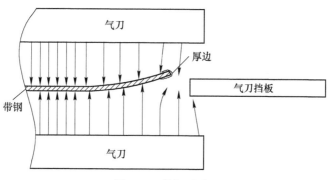

图 4-22 带钢弓形

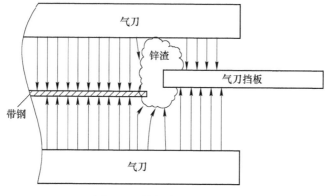

图 4-23 挡板偏离中心位置

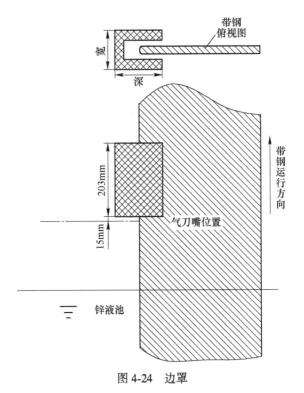

图 4-24 边罩

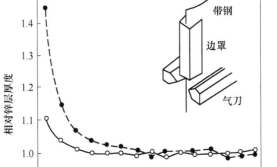

图 4-25 边罩对减少边部过镀锌的效果

4.8　本　章　小　结

（1）从提高机组生产能力和降低生产成本方面分析了市场对薄锌层镀锌板的需求。通过对电镀锌板与热镀锌板优缺点的比较，综述了当前热镀锌板在超薄锌层控制方面所采取的具体措施。

（2）从锌层的附着性，镀锌板的合金化，合金镀层、锌花形貌等方面阐述了提高钢板耐腐蚀的具体措施。通过增加锌液的流动性，提高气刀的刮锌能力，提高气刀风压是减薄锌层厚度的有效措施。

（3）合理控制带钢入锌锅温度和锌液温度，保证带钢入锌锅温度和锌液温度比较接近。控制炉膛内的露点和氢含量，使氢与氧反应防止带钢表面产生氧化铁皮的产生。合理控制锌液中的铝含量（质量分数），少捞渣，加强清洗段对板带的清洗，有利于提高镀层的附着力。

（4）对气刀风机管道进行优化，采用并联两台风机分别给前后气刀提供风压的方法，同时增设大功率轴流风机注入进风口，可以使气刀风压增加15kPa，机组生产速度可以提高20m/min，可以有效提高气刀的刮锌能力。

（5）向锌液中加入一定量的铝来除铁，调整前稳定辊系统以控制板形，重点分析了影响锌层厚度的因素，提出相应的提高镀层精度控制的工艺技术及对策。针对DAK气刀的特点，通过分析热镀锌生产工艺和设备方面对锌层厚度的影响因素，总结了锌层厚度控制的主要方法，提出了提高锌层控制精度的措施。

（6）薄规格带钢的边部过镀锌产生原因包括原料锯齿边、锌锅温度低以及边部气流调整不当，采用远距离、大压力的方式，同时将带钢边部挡板与带钢边部的距离适当调大，可以有效预防边部过镀锌；通过安装边罩的方式调整带钢边缘气流，一定程度上也能部分消除带钢边缘效应带来的影响，使气流较均匀的喷向带钢边缘，对带钢边部过镀锌有一定的抑制作用。

参　考　文　献

[1] 岑耀东. 超薄锌层热镀锌板的研究进展 [J]. 热加工工艺，2012，41（2）：152-156.

[2] 岑耀东，陈林. 提高气刀刮锌能力的改造措施 [J]. 电镀与精饰，2011，33（5）：26-29.

[3] 岑耀东. 高耐蚀性热镀锌板的研究进展 [J]. 材料保护，2013，46（7）：46-48.

[4] 岑耀东. 热镀锌薄钢板边部过镀锌的产生机理及预防 [J]. 金属热处理，2011，36（6）：134-136.

[5] 岑耀东. 薄规格热镀锌板边部过镀锌的原因及改进 [J]. 轧钢，2011，28（2）：64-66.

[6] 郑永春，岑耀东，田荣彬. 带钢连续热镀锌层厚度控制技术的研究 [J]. 电镀与环保，2012，32（6）：18-20.

[7] 李九岭. 带钢连续热镀锌 [M]. 北京：冶金工业出版社，2019.

[8] 李九岭, 胡八虎, 陈永朋. 热镀锌设备与工艺 [M]. 北京: 冶金工业出版社, 2014.

[9] 李九岭, 许秀飞, 李守华. 带钢连续热镀锌生产问答 [M]. 北京: 冶金工业出版社, 2011.

[10] 许秀飞. 钢带热镀锌技术问答 [M]. 北京: 化学工业出版社, 2007.

[11] 张启富. 现代钢带连续热镀锌 [M]. 北京: 冶金工业出版社, 2007.

[12] 董占东. 控制锌层厚度的一种有效方法 [J]. 轧钢, 2010, 27 (3): 56-58.

[13] 安守滨. 连续热镀锌带钢 "边部过镀锌" 的机理和预防 [J]. 武钢技术, 2003, (2): 53-57.

[14] 侯蓉, 徐光, 戴方钦, 等. 镀层厚度对热镀锌热轧板耐蚀性的影响 [J]. 材料保护, 2017, 50 (6): 5-8, 26.

[15] 袁思胜, 李九岭. 从锌锅中铝含量的变迁看板带热镀锌的发展 [J]. 轧钢, 2013, 30 (1): 49-51.

[16] 姚养库, 张国威. 极薄热镀锌钢板生产工艺 [J]. 轧钢, 2014, 31 (4): 76-79.

[17] 卢锦堂, 江爱华, 车淳山. 热浸 Zn-Al 合金镀层的研究进展 [J]. 材料保护, 2008, 41 (7): 47-51.

[18] 卢锦堂, 王新华, 陈锦虹. 热镀锌钢上锌花的研究进展 [J]. 材料导报, 2005, 19 (12): 72-74.

[19] 李九岭, 汪晓林, 郑洪道. 带钢热镀锌线生产成本的控制 [J]. 轧钢, 2007, 24 (6): 58-61.

[20] 孔纲, 刘仁彬, 车淳山. 锌浴温度对 0.49%Si 活性钢热浸镀锌层组织的影响 [J]. 材料工程, 2011, 81-86.

[21] 魏源, 何明奕, 王胜民. 锌基热镀合金的流动性能分析 [J]. 钢铁研究, 2009, 37 (2): 34-37.

[22] 宋人英, 王兴杰, 稀土在锌合金中的作用 [C]. 全国第四届热浸 (渗) 镀学术技术交流会论文集, 桂林, 1995, 115-119.

[23] 李刚. 浅析梅钢热镀锌机组锌层厚度控制技术 [J]. 梅钢科技, 2010 (3): 40-43.

[24] Yoon, Hyun Gi, Development of novel air-knife system to prevent check-mark stain on galvanized strip surface [J]. ISIJ International, 2010, 50 (5): 752-759.

[25] Hyun, Gi Yoon, Aerodynamic investigation of air knife system to find out the mechanism of the check mark in a continuous hot-dip galvanizing process [J]. ISIJ International, 2009, 10 (PART A): 233-239.

[26] 李九岭, 汪晓林, 柯江军. 从对脱脂认识看带钢连续热镀锌技术的发展 [J]. 轧钢, 2009, 26 (3): 36-39.

[27] 宋加. 热镀锌板生产技术发展及相关问题探讨 [J]. 轧钢, 2009, 26 (2): 39-43.

[28] 宋加. 我国热镀锌钢板生产及镀锌技术的发展 [J]. 轧钢, 2006, 23 (3): 42-46.

[29] 张清辉, 陈冷, 毛卫民. 钢带热镀锌技术研究进展 [J]. 金属热处理, 2009, 34 (12): 78-82.

[30] 李林, 高毅. 镀锌板表面锌渣缺陷的控制. [J]. 上海金属, 2007 (29): 87-90.

[31] 邱向伟. 热镀锌锌渣缺陷的控制. [J]. 重型机械，2009（4）：7-9.

[32] 张召恩，杨瑞枫，刘光明. 热浸镀锌板生产过程中的腐蚀与对策 [J]. 腐蚀科学与防护技术，2009，5（21）：480-481.

[33] 贺俊光，周旭东，李俊. 影响连续热镀锌镀层黏附性因素的探讨 [J]. 钢铁研究，2005，1（142）：41-44.

[34] 肖斌，王建华，苏旭平. 连续镀锌板镀层黏附性不良的研究 [J]. 电镀与涂饰，2008，27（8）：15-17.

[35] 伍康勉，成小军，焦国华. 热镀锌镀层黏附性不良的机制研究 [J]. 钢铁，2010，9（45）：94-98.

[36] 刘昕，江社明，袁训华. 热镀锌合金化钢板的耐腐蚀性能研究 [J]. 腐蚀与防护，2009，11（30）：768-771.

[37] 许乔瑜，曾秋红. 热浸镀锌合金镀层的研究进展 [J]. 材料导报，2008，12（22）：52-55.

[38] 冯刚，侯静，张琳. 钢铁成分及添加元素对热镀锌组织和性能的影响 [J]. 热加工工艺，2011，4（40）：118-121.

[39] 方舒，魏云鹤，李长雨. 稀土、铝、镁对热镀锌基合金镀层耐蚀性能的影响 [J]. 材料保护，2011，2（44）：7-9.

[40] 卢锦堂，夏才俊，王新华. 锌浴中合金元素对热镀锌层上锌花的影响 [J]. 材料保护，2007，6（40）：45-47.

[41] 张颖昇，李运刚. 热镀锌合金技术的研究进展 [J]. 湿法冶金，2011，30（1）：10-13.

[42] 周有福. 极好的耐腐蚀 Zn-Al-Mg-Si 合金热浸镀锌薄钢板 [J]. 武钢技术，2004，42（2）：56-57.

[43] Gao H Y, Tan J Ju. Effect of rare earth metals on microstructure and corrosion resistance of Zn-0.18Al coatings [J]. Materials Science and Technology，2011，1（27）：71-75.

[44] 胡成杰，储双杰，王俊. 稀土 La 对热镀锌层耐蚀性能的影响 [J]. 腐蚀与防护，2011，7（32）：517-520.

[45] Singh A K, Jha G, Chakrabarti S. Spangle formation on hot-dip galvanized steel sheet and its effects on corrosion-resistant properties [J]. Corrosion，2003，2（59）：189-196.

[46] Fujisawa, Hideshi1, Kaneko, Rie, Ishikawa, Hiroshi. Hot-dip Zn-5% Al alloy-coated steel sheets "JFE ECOGAL" [J]. Journal article，2009，（14）：41-45.

[47] 常丽丽，陈红星，孙杰. 热镀锌钝化板锌花形貌对耐蚀性的影响 [J]. 材料保护，2005，11（38）：57-58.

[48] 张伟伟，彭曙，卢锦堂. 热浸 Zn-0.05Al-0.2Sb 合金镀层锌花耐蚀性研究 [J]. 电镀与涂饰，2010，10（29）：27-29.

[49] 李锋，吕家舜，贾丽娣. 影响热浸镀锌钢板锌花形成的因素 [J]. 材料保护，2006，7（39）：1-3.

5 钝 化 处 理

5.1 概　　述

　　热镀锌能大幅提高带钢的防腐蚀性能，但是，带钢表面锌层在潮湿的环境下仍然会发生锈蚀，俗称为白锈。为防止锌层产生白锈从而降低镀锌板的防腐性能，需要通过钝化处理使锌层表面生成一层致密的防腐薄膜，以保护锌层不被腐蚀。钝化作为冷轧带钢热镀锌生产中重要的后处理工序，是大幅度提高镀锌板耐腐蚀性的有效方法，此工序的质量问题一直是热镀锌研究人员关注的焦点之一。如果热镀锌板钝化质量不合格，不仅影响产品外观，而且在储存运输过程中的耐腐蚀性也会大打折扣，因此，研究热镀锌板的钝化工艺十分必要。

　　本章介绍了冷轧带钢热镀锌生产线喷淋式钝化法的设备配置和工艺特点，详细分析了喷淋式钝化常见缺陷的产生原因，提出了控制措施，并且设计了与钝化挤干辊相配套的边部吹扫器，可以有效避免钝化边部黄斑问题，对热镀锌板钝化缺陷的预防有重要的指导意义。

5.2　冷轧带钢连续热镀锌的钝化技术

5.2.1　钝化的意义及现状

　　冷轧带钢热镀锌产品生产出来后，如需要长时间储运，特别是经过海运或潮湿环境中，应对镀锌板进行钝化处理，以防止在储运过程中产生腐蚀。钝化处理是化学转化膜处理的一种，其原理是将金属表面从活化状态变为钝化状态，从而使金属腐蚀变缓。钝化处理过程依赖于金属表面的电化学反应过程。其中包括一个阳极溶解步骤，这个过程中金属表面被氧化，与之伴随的阴极过程使钝化液中的某些离子被还原，产生低价离子与金属的腐蚀物一起组成表面的钝化膜。

　　钝化作为提高热镀锌板耐腐蚀性的重要途径，是冷轧带钢热镀锌工艺必不可少的后处理工序，国内外大多数冷轧带钢热镀锌生产线中配置有钝化工序。近年来，钝化大致经历了六价铬、三价铬和无铬钝化等发展过程，因六价铬有毒，对人体及环境造成严重危害，已被限制使用。相比之下，三价铬具有毒性较小、使用寿命长等优点，受到了很多研究者的重视，但三价铬技术还不太成熟。目前国内外研究较多的是对镀锌产品进行无铬钝化，主要有无机物钝化和有机物钝化两大类，无机物钝化有钼酸盐、硅酸盐、稀土金属盐，有机物钝化有植酸、宁酸、树脂、有机硅烷。当前，各类无铬钝化工艺的研究较多，成为热镀研究人员关注的一个重要课题，并已经取得了一些科研成果，部分经无铬钝化后得到的膜层，其耐蚀性接近甚至在某些方面已经超过了铬酸盐钝化，发展前景广阔，但弊端是成本较高。

从钝化方式上来分，目前应用最多的是喷淋式和辊涂式。喷淋钝化处理时要保证钝化反应时间的充分及钝化膜的均匀，因此一般需要配套挤干辊对钝化液进行碾压，而且需要在较高温度进行，如喷淋式铬酸盐钝化一般需要在 90~140℃ 范围烘干，因而对钝化液的浓度、温度、pH、游离酸、还原率、锌离子浓度等一系列工艺参数进行严格的控制，某个参数的控制不当都会造成钝化效果的不良。辊涂法是在常温下进行的，一般低于 40℃。辊涂钝化不但省去了废铬液的排放和处理这一难题，同时也使钝化工艺变得非常简单。工艺方面只需控制浓度、烘干温度和钝化膜的铬附着量等参数。然而，辊涂法钝化对辊面耐磨性及表面质量要求较高，使得整个工艺成本较高，因此，目前喷淋式钝化在一些冷轧带钢热镀锌生产线中仍然应用较多。实现钝化的过程是：钝化液由配液槽经过胶管，喷洒到料盘中或汲料辊与涂敷辊间，由汲料辊转动时将钝化液均匀的附着于涂敷辊上，再由涂敷辊涂敷于镀锌板表面。经热风吹扫、最后烘干，完成钝化过程。

5.2.2 钝化的原理

热镀锌板在潮湿的环境中或海运过程中容易产生"白锈"。白锈的形成过程可表示为：

$$Zn + 2H_2O \rightleftharpoons Zn(OH)_2 + H_2$$
$$Zn(OH)_2 \rightleftharpoons ZnO + H_2O$$

由此可知，白锈的主要成分是 $Zn(OH)_2$ 和 ZnO 的混合物，该反应是一个电化学腐蚀的过程。当然，$Zn(OH)_2$ 还会与空气中的 CO_2 进一步发生反应，反应式为：

$$Zn(OH)_2 + CO_2 \rightleftharpoons ZnCO_3 + HO_2$$

生成的碱式碳酸锌（$2ZnCO_3 \cdot 3Zn(OH)_2$）薄而致密，可以制止进一步的腐蚀。一般来说，"白锈"的严重程度取决于镀层表面凝结水的成分和所处其环境中持续的时间。为了保护镀层钢带的正常储存、运输而不生白锈，抑制白锈状腐蚀，需要进行钝化处理。钝化膜的形成过程是相当复杂的。比较有代表性的理论有：钝化的薄膜理论、吸附理论。

目前解释钝化状态广泛应用的理论是钝化薄膜理论。这种理论认为，钝化过程是金属和介质发生化学反应，生成了一层极薄的保护膜，这层薄膜通常是氧化剂和基金属的化合物。它能够抑制阳极反应，从而可保护锌层。以铬酸盐钝化为例，热镀锌板进行铬酸钝化时成膜基体基本分为三步：

第一步：首先在镀锌板的锌层表面发生锌的氧化和氢气的产生。

$$Zn + H_2CrO_4 \longrightarrow ZnCrO_4 + H_2$$

分步反应为：

$$Zn \longrightarrow Zn^{2+} + 2e^-$$

$$H_2CrO_4 \longrightarrow 2H^+ + CrO_4^{2-}$$

$$2H^+ + 2e^- \longrightarrow H_2$$

$$Zn^{2+} + CrO_4^{2-} \longrightarrow ZnCrO_4$$

$ZnCrO_4$ 生成物已经通过电子衍射法鉴定得到了证实。

第二步：$Cr(OH)_3$ 胶体的形成。

放出的部分 H_2 将 Cr^{6+} 还原成为 Cr^{3+}，同时在镀层—溶液界面上的液相区 pH 升高，Cr^{3+} 离子则以 $Cr(OH)_3$ 胶体形式沉积。反应为：

$$3H_2 + 2Cr^{6+} \longrightarrow 2Cr^{3+} + 6H^+$$

$$Cr^{3+} + 3OH^- \longrightarrow Cr(OH)_3 \downarrow$$

第三步：钝化成膜。

$Cr(OH)_3$ 胶体从溶液中吸附一定量的 Cr^{6+} 离子构成钝化膜。铬酸钝化膜中的三价铬难溶于水，化学性质不活泼，起中间介质作用，而其中的六价铬易溶于水，能在钝化膜划伤时起再钝化作用（自愈作用）。

$$4Cr^{6+} + 3O_2 + 6H_2O + 24e^- \longrightarrow 4Cr(OH)_3$$

因此在一定限度内，钝化膜能防止蒸汽和空气直接侵蚀锌层，对锌层起保护作用。

5.3   钝化缺陷的产生原因及预防措施

5.3.1   喷淋式钝化工艺

喷淋式钝化是冷轧带钢热镀锌机组中常用的钝化方法。典型的喷淋式铬酸盐钝化工艺如图 5-1 所示，其基本原理是将稀释后的钝化液喷淋到镀锌板上下表面，使钝化液与镀锌板表面进行充分反应，经挤干辊的碾压后，在烘干箱内经热风烘干，形成一层连续、致密和均匀的钝化膜，以防止镀锌层产生白锈。钝化喷淋箱带有 1 对喷淋梁，2 对挤干辊，挤干辊一备一用，由电机驱动，喷淋后的钝化液经喷淋箱底的回流口进入钝化液储液罐，循环使用，储液罐中的钝化液由搅拌器搅拌均匀。上挤干辊由双动作气动缸上下移动以控制挤干辊的打开和关闭，

下挤干辊高度由丝杠手动调节，挤干辊的碾压力通过调整气动缸的压缩空气压力
来控制。

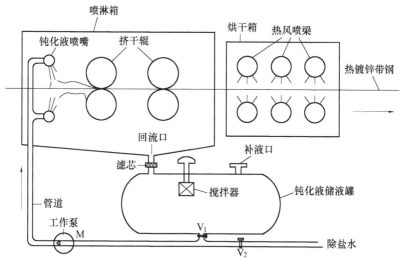

图 5-1　喷淋式钝化系统示意图

5.3.2　喷淋法钝化缺陷及产生原因分析

　　由于铬酸盐钝化液为暗黄色液体，带钢的表面均匀钝化后会呈现出淡黄色，
钝化的均匀性及色泽是钝化质量的评价标准。在实际生产中，钝化缺陷表现为钝
化黄斑、钝化色差、钝化膜抗腐蚀性差等，因钝化黄斑、钝化不均匀缺陷严重影
响产品外观，而钝化膜抗腐蚀性差缺陷将导致镀锌板在潮湿环境下耐腐蚀性减
弱，从而影响产品质量等级。

5.3.2.1　钝化黄斑

A　边部连续黄斑

　　边部连续黄斑是在带钢边部大约 5mm 宽的位置累积了过量的钝化液，凝固
后成为钝化黄边，如图 5-2 所示。这种缺陷一般较常出现于生产厚度 $h > 1.2mm$
的厚带钢。这是由于喷淋式钝化是靠上、下两根挤干辊的挤压使喷涂在带钢表面
的钝化液挤干、涂匀。然而，钝化液喷在带钢表面时，挤干辊的挤压会使钝化液
向两边流动，且挤干辊的长度大于带钢的宽度，挤干辊是胶辊，发生弹性变形，
这样在带钢经过两挤干辊之间时，在挤干辊的两边接触不到带钢的部分会有一定
的间隙，如图 5-3 所示，使得边部间隙 a、b 位置聚集了过量的钝化液，挤干辊
无法挤掉，钝化液凝固后成为连续黄斑，此外，无论何种规格带钢，生产较长时

间后，挤干辊在带钢边部位置处磨损严重时，带钢边部间隙增大，就会产生黄边，当镀锌板有边浪、锯齿边、挤干辊线速度与带钢运行速度不匹配、带钢频繁跑偏等情况将会加快挤干辊边部的磨损，也会产生黄边，直接影响了产品的质量，同时也增加了换辊的频率，增加了挤干辊的消耗成本。

图 5-2   边部连续黄斑

扫一扫查看彩图

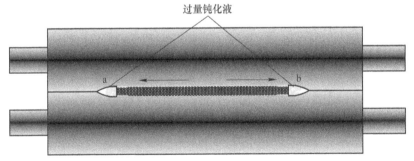

图 5-3   钝化挤干辊边部缝隙

扫一扫查看彩图

B   板面不规则点状黄斑

实际生产中，辊面上极易黏附锌渣，或辊面被带钢的焊缝或热瓢曲缺陷冲击损伤，碾压后在粘渣处或辊伤处产生钝化黄斑。另外，个别喷嘴局部堵塞后，钝化液喷射不畅通，间或喷射，无法形成均匀的扇形面，而是形成液滴掉在镀锌板面上，也会形成不规则钝化黄斑，如图 5-4 所示。

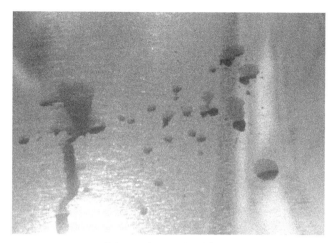

图 5-4 板面不规则黄斑

扫一扫查看彩图

5.3.2.2 钝化色差

实际生产中经常会遇到这种情况，钝化后带钢一侧颜色较深，而另一侧颜色较浅，观察喷淋系统情况和挤干辊旋转速度均正常，这个问题曾一度困扰着生产，经过长期现场观察发现，这种状况是由于挤干辊两侧气缸压力不一致，或一侧有卡阻，使辊缝形成楔形造成的。

分析原因，当挤干辊两侧气缸压力一致时，挤干辊对整个镀锌板表面的钝化液碾压力是一致的，镀锌板表面形成的钝化膜是均匀的，但是，当两侧气缸压力不一致时，挤干辊对镀锌板两侧的钝化液碾压力也不一致，辊缝成楔形，压力大的一端，钝化膜较薄，压力小或无压力的一端，钝化膜较厚，这就造成镀锌板横向钝化膜厚度不均匀，成品卷取后，镀锌板钝化膜较薄的一端耐腐蚀性差，钝化膜较厚的一端耐腐蚀性强。如图 5-5 所示，由于挤干辊的两侧 $N_1 > N_2$，造成带钢 a 侧钝化膜较薄，颜色较浅，而带钢 b 侧钝化膜较厚，颜色较重，另外，当个别喷嘴堵塞后，无法喷液，也可以造成此处相应位置无钝化。

5.3.2.3 钝化膜抗腐蚀性差

钝化膜抗腐蚀性差是最影响产品质量的缺陷之一，但这种缺陷不易被察觉，必须提前控制，以防止出现大量的不合格产品。出现这种缺陷一般有以下几种原因。

（1）挤干辊压力太大。挤干压力大小由气缸内的压缩空气的压力决定，当压缩空气压力太大，挤干辊的碾压力也会增大，造成钝化膜太薄，达不到应有的抗腐蚀性要求。

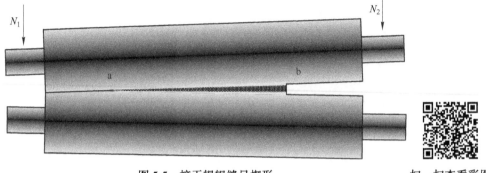

图 5-5 挤干辊辊缝呈楔形

扫一扫查看彩图

（2）钝化液喷淋压力低。铬酸钝化液有一定的黏度，生产一段时间后，会黏附于管道内壁，使液体流动性变差，导致喷淋压力低，或者钝化泵出现故障，实际功率小于额度功率，也会导致喷淋压力低。

（3）钝化液浓度低。钝化液的浓度由在线电导率可测得，当电导率仪器测定不准确，或由于钝化液搅拌不均匀，仪器只是测到了钝化液储液罐里局部的电导率，这就会给操作人员一个误导，按照这一错误的数据对钝化液浓度进行配比，导致实际浓度低。

（4）烘干温度低。铬酸盐在镀锌板表面一般发生如下反应：

反应式：
$$CrO_4^{2-} + 8H^+ + 3e^- \longrightarrow Cr^{3+} + 4H_2O$$
$$4Cr^{6+} + 3O_2 + 6H_2O + 24e^- \longrightarrow 4Cr(OH)_3$$
$$Zn \longrightarrow Zn^{2+} + 2e$$

上述反应过程能否正常进行，烘干温度起关键作用，钝化膜在烘干时除脱水以外，还有固化作用，烘干温度太低时，钝化膜不能完全固化，膜层附着力差，易脱落，从而影响耐腐蚀性。

5.3.3 喷淋法钝化缺陷的预防措施

针对以上对钝化缺陷的原因分析，为了使钝化液的浓度、温度、钝化膜厚度等参数达到最佳配合，重点从工艺和设备方面进行优化调整，以改善缺陷。

5.3.3.1 工艺优化及控制

A 优化生产制度

挤干辊材质一般为橡胶，胶辊材质太硬，会造成带钢边部间隙大，而选用材质太软，则边部非常容易磨损，挤干辊使用寿命变短，更不利于钝化黄边的控制，所以挤干辊材质的选用没有太大的改善空间，而从优化生产制度着手，针对窄带钢边部挤干辊磨损后无法生产宽带钢的问题，调整生产规格为由宽变窄，针对厚带钢边部较易磨损挤干辊的问题，调整生产规格为由薄到厚，这样可以最大限度地提高挤干辊的使用寿命，也避免边部连续黄边缺陷的出现。

B 钝化液的均匀性控制

为了防止电导率检测仪测定到储液罐内局部液体的电导率，可采用搅拌器对储液罐内的钝化液进行在线搅拌，尤其是在液体浓度配比的时候，使钝化液均匀，搅拌器如图 5-6 所示。

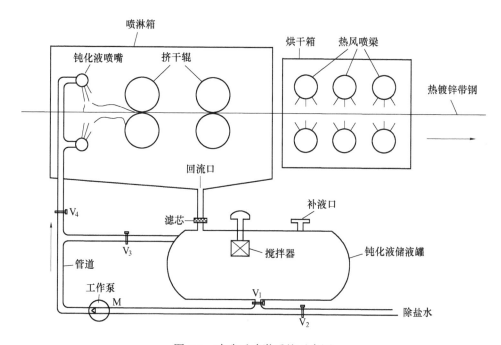

图 5-6 改造后喷淋系统示意图

C 烘干温度的控制

烘干温度的控制非常重要，而实际生产中经常将这一影响因素忽略，热风温度一般设定在 90~140℃，根据生产速度快慢可适当调整，一般机组速度在 90m/min 以下时，需要的热量少，可适当降低热风温度，机组速度在 90m/min 以上时，需要的热量多，可适当提高热风温度，另外，有时烘干温度持续低于设定值太多，烘干箱几乎达不到应有的工作温度，主要原因是烘干箱内的热蒸汽管道内产生了冷凝水，从溢流管排掉冷凝水就可以有效提高烘干温度。

5.3.3.2　设备改造及调整

A　钝化液喷淋系统的改造

停机检修时，钝化液喷淋系统停止工作，管道内液体不再流动，极易凝固和堵塞，生产后造成镀锌板钝化不均匀，所以，对喷淋管线进行改造，设计了循环管线，并增加了 V_3 和 V_4 阀，如图 5-6 所示，检修时可以将 V_3 打开，V_4 关闭，工作泵仍然正常工作，喷淋系统成为内循环，钝化液由储液罐抽出后又回到储液罐，这样就使管道和泵体处于连续工作状态，液体不易堵塞。而正常生产时先将 V_4 打开，后将 V_3 关闭，喷淋系统又可以实现带钢的正常钝化。对于喷嘴堵塞问题，可以在正常生产前用除盐水清洗喷嘴即可。

B　挤干辊两侧气缸压力的调整

对挤干辊两侧气缸的运行状态实时监控，尤其是在生产规格频繁变化时及时观察辊缝状态，防止缺陷扩大化，在停机检修时可对压下气缸进行维护，确保压下时两侧压力一致，如果遇到气缸卡阻造成了辊缝楔形状态，影响了钝化的均匀性，可以将挤干辊打开后再关闭，使气缸上下反复动作即可解决问题。

5.4　边部吹扫器的设计

由于钝化连续黄斑严重影响产品美观及质量等级，而且冷轧带钢热镀锌生产线生产规格范围变动较大，一旦出现此类缺陷，将会出现批量废品，单纯靠更换挤干辊来改善将费时费力，而且成本较高，必须另辟捷径。

5.4.1　边部吹扫器的设计方法

为了解决因边部空隙无法挤干造成的边部连续黄斑问题，采用边部吹扫的方式将边部多余的钝化液吹掉。主要思路是在挤干辊后靠近带钢边部的位置安装一个边部吹扫器，上下各一组，目的是能够同时吹到上下板面边部，把上下板面多余未挤干的钝化液吹掉，如图 5-7 所示。该装置是由一个主管分为两路管线，主管道连接压缩空气，并且在主管的上端设置有一个可调节的手阀，是为了适应带钢的薄厚来调节风压的大小，因为带钢越厚挤干辊的间隙越大，未挤干的钝化液也就越多，所需气压也就随着增大，反之，随着带钢厚度变薄所需气压降低。吹扫器的头部为三角扁头型，喷口较宽，目的是适应不同宽度的带钢边部吹扫，而且头部唇隙设置较窄，便于气流集中。上下吹扫器可以根据带钢规格变换，上下间距可以调整，当需要检修或处理事故时，两组边部吹扫器还可以沿带钢横向移动到备用位置。

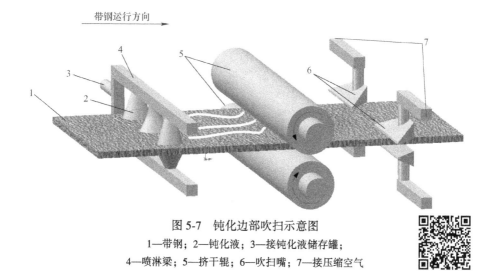

图 5-7 钝化边部吹扫示意图

1—带钢；2—钝化液；3—接钝化液储存罐；
4—喷淋梁；5—挤干辊；6—吹扫嘴；7—接压缩空气

扫一扫查看彩图

5.4.2 边部吹扫器的工作原理及作用

该边部吹扫器的工作原理为，边部吹扫器头部唇口正对带钢运行方向，唇隙喷射出来的高压气流将带钢边部多余的钝化液吹掉，两组吹扫器的气流压力可以根据实际情况，通过横梁上的球阀控制，可以根据带钢厚度变化调整，当带钢宽度变化时，由于唇口较宽，完全适应不同带钢宽度的钝化边部吹扫，如图 5-8 所

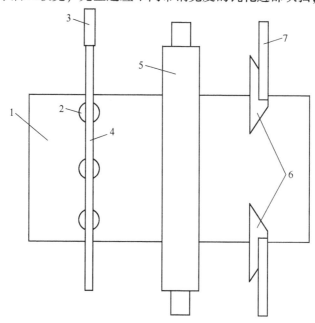

图 5-8 边部吹扫器俯视图

1—带钢；2—钝化液；3—接钝化液储存罐；4—喷淋梁；5—挤干辊；6—吹扫嘴；7—接压缩空气

示。该装置可以很好地控制钝化液给带钢造成的边部污染，大大提高钝化边部质量。

5.5 本章小结

(1) 挤干辊发生弹性变形，在带钢经过两挤干辊之间时，在挤干辊的两边接触不到带钢的部分会有一定的间隙，间隙中聚集了过量的钝化液，挤干辊无法挤掉，是产生连续黄斑的主要原因；挤干辊损伤或喷嘴局部堵塞后，钝化液喷射不畅通，间或喷射是造成钝化黄斑的主要原因。挤干辊两侧气缸压力不一致，以及钝化液的在线电导率检测不准是造成钝化抗腐蚀差的原因。

(2) 优化生产制度，使板带规格由宽变窄、由薄变厚可以有效提高挤干辊的使用寿命，大大提高钝化质量。优化喷淋系统，采用搅拌器对储液罐内的钝化液进行在线搅拌，可以有效解决钝化抗腐蚀性的问题，使喷淋系统在检修时也处于内循环状态，可以解决管道堵塞问题，在机组生产之前清洗喷嘴，可以有效避免喷嘴堵塞造成的钝化不均匀问题，确保挤干辊两侧气缸压力的一致性调整可以避免钝化不均匀出现。

(3) 设计了钝化边部吹扫器，可以根据带钢宽度、厚度规格变化，调整吹扫器的横向位置、气压，可以解决不同厚度、不同宽度带钢边部连续钝化黄斑缺陷问题，大大提高钝化质量。

参 考 文 献

[1] 岑耀东. 热镀锌板钝化缺陷产生的原因及预防措施 [J]. 腐蚀科学与防护技术, 2013, 25 (2): 170-172.

[2] 岑耀东. 高耐蚀性热镀锌板的研究进展 [J]. 材料保护, 2013, 46 (7): 46-48.

[3] 岑耀东. 超薄锌层热镀锌板的研究进展 [J]. 热加工工艺, 2012, 41 (2): 152-156.

[4] 许秀飞. 钢带热镀锌技术问答 [M]. 北京: 化学工业出版社, 2007.

[5] 李九岭. 带钢连续热镀锌 [M]. 北京: 冶金工业出版社, 2019.

[6] 李九岭, 胡八虎, 陈永朋. 热镀锌设备与工艺 [M]. 北京: 冶金工业出版社, 2014.

[7] 李九岭, 许秀飞, 李守华. 带钢连续热镀锌生产问答 [M]. 北京: 冶金工业出版社, 2011.

[8] 张启富. 现代钢带连续热镀锌 [M]. 北京: 冶金工业出版社, 2007.

[9] 张英杰, 董鹏. 镀锌无铬钝化技术 [M]. 北京: 冶金工业出版社, 2014.

[10] 关成, 蔡珣, 潘继民. 表面工程技术工艺方法 800 种 [M]. 北京: 机械工业出版社, 2020.

[11] 瞿祖贵, 刘俊文, 许小蔓. 高耐蚀性热镀锌板的钝化处理工艺探讨 [J]. 轧钢, 2002 (3): 19-21.

［12］张月秀，邵忠财，周倩倩，等. 热浸锌钢板无铬钝化工艺的研究进展［J］. 电镀与环保，2014，34（6）：1-3.

［13］王春莉，陈立章，史军锋，等. 六价铬钝化镀锌板耐蚀性不良的分析［J］. 山西冶金，2016，39（5）：15-18.

［14］宋乙峰，李婷婷，岳重祥，等. 热镀锌板三价铬钝化膜发白的原因分析和对策［J］. 电镀与涂饰，2019，38（17）：967-970.

［15］李祥，蒋才灵，周博文，等. 热镀锌产品三价铬钝化膜厚度控制的探索［J］. 冶金管理，2019（13）：80-81.

［16］谢义康，陈德春，刘茂林，等. 三价铬喷淋挤干钝化工艺控制难点及对策［J］. 材料保护，2019，52（4）：126-128.

［17］盛群泉. 热镀锌线辊涂设备增加及系统改造［J］. 中国设备工程，2018（19）：87-88.

6 卷 取

6.1 概 述

为了将热镀锌后的带钢卷成整齐、紧密的钢卷，以便于其存放和运输，必须对带钢的卷形进行严格控制。塔形缺陷和层错缺陷是卷取过程中最常出现的卷形缺陷，这两种缺陷直接影响到热镀锌板的质量和成材率，给企业造成巨大的经济损失。产生塔形缺陷和层错缺陷的原因复杂多变，有时在原料板形较好和卷取机纠偏系统正常的情况下，仍然出现此缺陷。因热镀锌板塔形缺陷的控制方法不同于热轧卷取塔形，传统方法通过热轧带钢卷取机安装侧导板的方法对塔形缺陷进行控制，能起到较好的效果，但对于热镀锌板来说不合适，这是因为热镀锌板较薄，安装侧导板会损坏带钢边部，因此对于热镀锌板的塔形缺陷的控制必须另觅途径。

本章针对冷轧带钢热镀锌机组卷取机自身的特点，重点探讨了在卷取机纠偏系统正常情况下出现的塔形、层错缺陷等疑难问题，对产生原因进行了系统分析和研究，通过设备的改造和工艺参数的调整避免了此种缺陷的出现。

6.2 张力卷取机

典型的冷轧带钢连续热镀锌张力卷取机系统如图 6-1 所示，卷取机卷筒由传动电机通过齿轮箱驱动，在卷取机正常穿带时，卷取机正向旋转，带动皮带助卷器运转，钢卷带头经穿带导板台引导，进入卷取机卷筒与皮带助卷器之间，实现卷取作业，并逐步建立起运行张力。当张力建立成功后，皮带助卷器打开，穿带导板台下降，穿带完成后，卷取机自动提速进行卷取。某冷轧带钢热镀锌机组张力卷取机如图 6-2 所示，两个卷取机一备一用，可卷取的最大钢卷外径：1900mm，可卷取的最大钢卷重量：28000kg。卷筒纠偏横移缸：双动作液压缸，行程：+150mm，卷取机卷筒由电机通过齿轮减速机传动，卷筒为 4 扇形块式，带橡胶套筒膨胀时为全圆形。膨胀方式：旋转液压缸。直径：带套筒为 508mm和 610mm，全缩回：444mm，扇形块长度：1800mm，电机为生产线正常操作提供张力。卷取时为了使皮带接触到芯轴上，上臂或下臂关闭使部分皮带包在芯轴上，给带头一个卷取导向，帮助带钢卷取头几圈，完成头部卷取后曲柄落下。正常卷取后卷取机通过电机扭矩调整卷取张力，进行恒张力卷取。带钢从热镀锌线出口段的涂油机出来后，依次经过夹送辊、飞剪、导向辊等设备，然后进入卷取机。

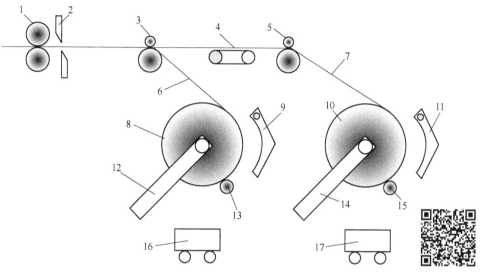

图 6-1　张力卷取机系统

1—夹送辊；2—滚筒剪；3—1 号导向辊；4—过渡运输机；5—2 号导向辊；
6—1 号穿带导板；7—2 号穿带导板；8—1 号卷筒；9—1 号皮带助卷器；10—2 号卷筒；
11—2 号皮带助卷器；12—1 号外支撑；13—1 号压辊；14—2 号外支撑；15—2 号压辊；
16—1 号钢卷小车；17—2 号钢卷小车

图 6-2　张力卷取机卷取过程

6.3　成品卷塔形缺陷的产生原因及预防措施

6.3.1　塔形缺陷及产生原因分析

在某冷轧带钢热镀锌的生产过程中，当生产较大直径的镀锌成品卷时，极易产生卷取塔形，形状如图 6-3 所示，这种缺陷造成成品卷不能正常包装交货，按废品处理，给生产厂家带来巨大损失。

图 6-3　塔形　　　　　　　　　　　　扫一扫查看彩图

6.3.1.1　工艺原因

A　卷取张力与卷径不匹配

带钢的卷取控制是恒张力控制，各种厚度规格的张力设定值由二级机给定，而卷取的实际张力值由卷取机电机实测扭矩计算得到。如果要保证恒张力卷取，随着卷径的不断增加，电机扭矩就要不断增大。由于卷取芯轴外有胶皮套筒，钢卷卷在套筒上。当扭矩大到一定程度，超过套筒和芯轴之间的最大摩擦力，套筒和芯轴之间就会出现相对周向滑动。

B 卷取张力与带钢规格不匹配

卷取的作用是将带钢往前拉紧,从理论上讲,在卷取机正常运转的情况下,出口活套后张力辊和卷取机芯轴做匀速转动,活套的张力、卷取机的张力都处于平衡状态,但是,在剪切穿带时,正常的卷取速度要降到较低的剪切速度,卷取机张力很快由正常值下降为零,出口活套后张紧辊由向前高速运转立即降低速度并且向前拉动带钢,平衡被打破,因此时张力发生剧烈波动,会产生尾部塔形,而穿带时卷取速度要由较低的穿带速度增加到正常的卷取速度,如果张力设置不合理,极易产生头部塔形。张力不稳定是造成塔形缺陷的一个不容忽视的因素之一。

6.3.1.2 设备原因

A 转向压辊的影响

为了将带头准确导入卷取机,需要由转向压辊提供驱动,但是压辊两侧压下气缸的压力经常不一致,所以造成带钢两侧的间隙不同,导致带钢在进入卷取机前就跑偏严重,出现头部塔形。

B 皮带助卷辊的影响

上下牙皮带助卷辊中心线与芯轴中心线的平行度、平面度差值较大,使得助卷辊与芯轴接触产生夹角,在带头导入时造成运行方向改变,产生跑偏现象。

C 助卷皮带的影响

因皮带磨损严重,或因皮带变形严重而跑偏造成在穿带时使导入的带头跑偏。

D 定尾压辊的影响

在卷取结束时,为了防止外圈松散,在外支撑落下前定尾压辊要对带尾进行定尾助卷,如果定尾压辊中心线与芯轴中心线有夹角,在定尾压辊的引导下带尾运行方向发生改变,偏离中心线。

以上前三种情况会出现头部塔形缺陷,如图 6-4 所示,第四种情况会出现尾部塔形,如图 6-5 所示。

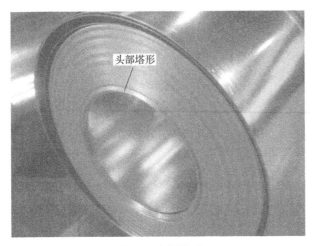

图 6-4　头部塔形

扫一扫查看彩图

图 6-5　尾部塔形

扫一扫查看彩图

6.3.2　设备优化方法及预防措施

针对热镀锌板在卷取过程中产生的塔形问题，从生产工艺和卷取机结构特点方面进行系统分析，通过对设备改造和工艺参数的调整进行预防。

6.3.2.1 卷取控制模式的调整

在卷取过程中，因为卷径小于1/2最大卷径时，不易产生塔形，所以，对卷取控制模式进行优化调整，在卷径小于1/2最大卷径时，采用恒张力卷取，电机扭矩随卷径的增加而增大。当卷径大于1/2最大卷径时，调整卷取模式为恒扭矩控制，扭矩大小为1/2最大卷径卷径时的扭矩，随着卷径的增加，扭矩保持恒定不变，而卷取张力适当减小，在保证正常卷取的情况下，这样控制使卷取张力不至于太大，避免了因扭矩过大而造成芯轴和套筒之间的周向滑动。

6.3.2.2 皮带助卷辊和定尾压辊中心线的调整

皮带助卷辊是带头导向和卷取的驱动设备，而定尾压辊为卷取结束后带尾卷取的驱动设备，必须在检修时经常调整校正。

6.3.2.3 转向压辊气缸的调整

为了防止压辊两侧压下气缸的压力不一致，必须定期调整两侧气缸压力大小，并检查是否漏气、卡阻现象。

6.3.2.4 助卷皮带及定尾压辊的调整

对助卷皮带定期维护，每次卷取结束都需矫正皮带。在检修时必须对定尾压辊中心线与芯轴中心线进行矫正。

6.3.2.5 卷取张力的优化

一般来说，带钢卷取张力的最基本作用是保证带钢尽可能沿着轧制中心线稳定运行而不至于跑偏。卷取张力的设定也应该与其横截面积成正比，那么带钢单位横截面积的张力与带钢横截面积的乘积就为卷取张力的设定值，所以，张力与厚度和宽度应该呈线性关系，但是，在实际生产中当厚度较小和较大时都不遵守这一规律。如图6-6所示，这是因为厚度较薄带钢张力计算值往往小于实际需要

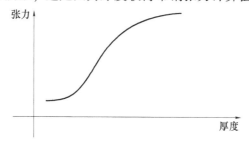

图6-6 带钢实际张力和厚度变化关系示意图

而极易造成成品卷卷形塌陷，所以对厚度小于 0.6mm 的带钢卷取张力上调 10%，厚度较大的带钢卷取张力计算值往往大于实际需要，较大的张力极易使套筒和芯轴发生周向滑动，出现尾部塔形缺陷，所以对厚度在 1.0mm 以上的规格卷取张力在计算值的基础上下调 10%。

6.3.2.6 皮带助卷辊和定尾压辊中心线的调整

带钢在助卷皮带的作用下包绕于卷筒时必然产生弹塑性变形，那么，弹性弯曲变形力矩：

$$M_1 = \frac{\partial_s b h_1^2}{6} \tag{6-1}$$

塑性弯曲变形力矩：

$$M_2 = \partial_s b \frac{h^2 - h_1^2}{4} \tag{6-2}$$

式中　　∂_s——带钢屈服极限，$N \cdot mm^2$；

　　　　b——带钢宽度，mm；

　　　　h_1——带钢弹性区厚度，mm；

　　　　h——带钢厚度，mm。

带钢产生的总弯曲力矩为：

$$M = M_1 + M_2 \tag{6-3}$$

由式（6-3）可知，带头的正常卷取受弯曲力矩的影响很大，也就是说，带头在包绕卷筒时受到的作用力方向决定了卷形的质量，但是，皮带助卷辊和定尾压辊中心线必须平行时两侧带钢受力方向才能一致，所以，带助卷辊作为皮带头导向和卷取的驱动设备，而定尾压辊为卷取结束后带尾卷取方向的驱动设备，必须在检修时调整校正。

6.4 成品卷层错缺陷的产生原因及预防措施

6.4.1 层错缺陷及产生原因分析

所谓层错缺陷指的是成品卷侧面周期性凸起，根据凸起部分在整个卷取过程中出现的位置，可分为半层错和全层错缺陷，如图 6-7 和图 6-8 所示。层错缺陷与塔形缺陷有很大的区别，层错缺陷具有周期性规律。一般来说，发生层错缺陷时卷取机纠偏系统工作正常，带钢在卷取成较小直径的成品卷时卷形很好，但是，当生产卷径 D 大于 1/2 最大卷径的成品卷时，就会持续出现层错缺陷现象，此时，从 HMI 画面上观察卷取机实际张力波动较大，用红外线测温枪测试套筒表面温度明显高于卷取机正常卷取时的温度，说明套筒有相对滑动摩擦生热的迹象。

图 6-7　半层错缺陷

扫一扫查看彩图

图 6-8　全层错缺陷

扫一扫查看彩图

由于卷取张力的大小和稳定性是保证带钢卷形整齐、紧密的基础。热镀锌板的卷取控制是恒张力控制，各种厚度规格的张力设定值由张力公式计算得出，然后汇总到卷取机控制程序中的二级机数据库，而卷取的实际张力值由卷取机电机实测扭矩计算得到。如果要保证恒张力卷取，随着卷径的不断增加，电机的负载增大扭矩也会不断增大。由于卷取机芯轴外有胶皮套筒，钢卷卷在套筒上。当扭矩大到一定程度，超过套筒和芯轴之间的最大摩擦力，套筒和芯轴就会出现相对周向滑动，尤其是在芯轴膨胀不完全的情况下，更容易产生这种打滑现象。并且由于芯轴长度比套筒长，套筒有轴向窜动的自由空间而发生轴向窜动，如图 6-9 所示，这种窜动不易被发现，这就会使带钢在纠偏系统正常的情况下，跑偏出现层错缺陷，此时观察 HMI 操作画面上的卷取张力波动范围较大，所以卷取张力不匹配和套筒与芯轴打滑是造成层错缺陷的主要原因。

6.4.2　层错缺陷的预防措施

为了避免以上问题，对卷取机芯轴进行改造，在上套筒前，在芯轴传动侧加胶皮垫片，对套筒进行轴向固定，如图 6-10 所示，避免了芯轴和套筒之间轴向窜动的自由空间。通过对套筒进行轴向固定，对卷取张力的控制模式进行优化调整，消除了芯轴和套筒之间轴向窜动的可能性，芯轴与套筒不再出现打滑现象。

卷取张力优化。一般来说，带钢卷取张力的最基本作用是保证带钢尽可能沿着生产线中心线稳定运行而不至于跑偏。卷取张力的设定也应该与其横截面积成正比，那么理论上讲，带钢单位横截面积的张力与其横截面积的乘积就为卷取张力的设定值：

$$T = qbh$$

式中　T——卷取区域的带钢张力，N；

q——卷取区域的单位张力，N/mm²；

b——带钢宽度，mm；

h——带钢厚度，mm。

由公式可知，张力与厚度和宽度应该呈线性关系，但是，在实际生产中当厚度较小和较大时都不遵守这一规律，较薄和较厚带钢随着厚度的增加，实际需要的卷取张力的变化量很小，如果按照以上公式计算的张力值来控制卷取过程，很有可能产生卷取和张力不匹配而发生跑偏现象，极易造成成品卷卷形塌陷或塔形缺陷，所以卷取模式实行先恒张力卷取，后恒扭矩卷取有利于层错缺陷的控制。

图 6-11 规格为 1.89mm×1250mm，卷取套筒直径为 610mm，排套时的卷取张力设定为 36340N，正常卷取时的张力设定值为 29370N，穿带速度为 40m/min，进行卷取试验，工艺段生产线速度为 53m/min，卷取过程中张力与卷径的关系。卷取过程中，用红外线测温枪测试套筒温度正常，观察 HMI 画面，卷取张力稳定，卷形正常。张力变化如图 6-11 所示，当卷径为 610~750mm 时，为活套排套

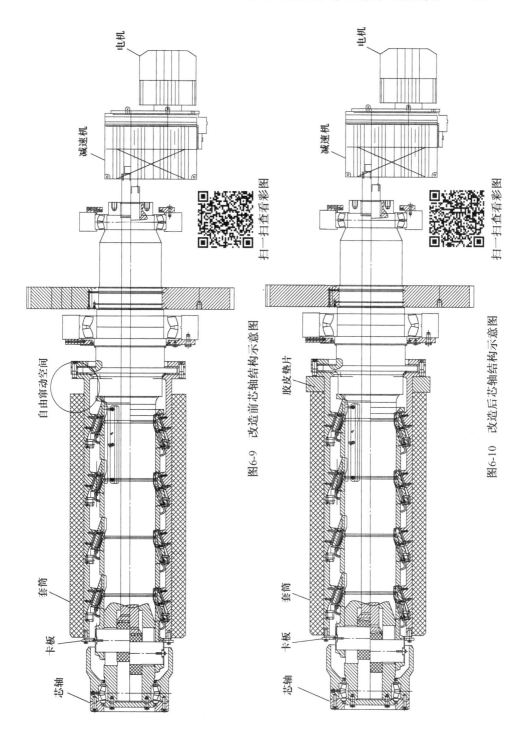

电机

减速机

扫一扫查看彩图

自由窜动空间

套筒

卡板

芯轴

图6-9 改造前芯轴结构示意图

电机

减速机

扫一扫查看彩图

胶皮垫片

套筒

卡板

芯轴

图6-10 改造后芯轴结构示意图

间断，卷取机是以大于工艺段的排套速度进行卷取的，卷取张力为 36340N，要远远大于正常卷取设定值 29370N 才可以避免跑偏现象的出现。卷径为750~1200mm 时，为稳定卷取间段，卷取速度和工艺段速度一致，恒张力卷取，因卷径较小，此时不宜产生塔形。当卷径为 1200~1700mm 时，卷取控制模式调整为恒扭矩卷取，扭矩大小为 1200mm 卷径时的扭矩，张力随着卷径的增大逐渐变小，防止因张力太大发生打滑现象，直到卷取结束，剪切后张力变为 0N，卷形较好，达到预期目的。

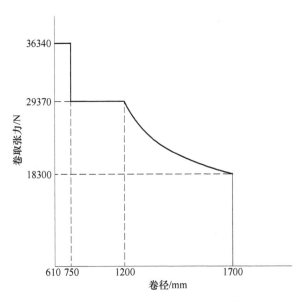

图 6-11   卷取过程中张力与卷径的关系

6.5 本 章 小 结

在卷取机纠偏系统正常的情况下，出现塔形缺陷、层错缺陷的原因及解决措施如下所述。

（1）对于卷取较大直径的成品卷，恒张力卷取时，随着卷径的增大，扭矩逐渐增大，卷取扭矩大于套筒的摩擦力扭矩，套筒与芯轴周向打滑，以及穿带时出口张力与带钢规格设置不匹配、定尾压辊倾斜，是产生尾部塔形的主要原因。采用张力控制和扭矩控制相结合的方法，以及对卷取张力值进行修正，对厚规格带钢卷取张力在计算值的基础上下调 10%，对薄规格带钢卷取张力在计算值的基础上上调 10% 可以有效解决尾部塔形问题。

（2）卷取机穿带时转向压辊两侧压下气缸压力不一致，上下牙皮带助卷辊中心线与芯轴中心线产生夹角，皮带助卷器的皮带磨损、变形严重而跑偏造成在穿带时使导入的带头跑偏是产生头部塔形的主要原因。对转向压辊两侧压下气缸压力的一致性调整，以及对皮带助卷辊和定尾压辊中心线的调整可以有效解决头部塔形问题。

（3）卷取张力不匹配和套筒与芯轴轴向窜动是造成层错缺陷的主要原因，卷取过程中，采用先恒张力卷取，后恒扭矩卷取的模式，可以有效控制层错缺陷的出现。

参 考 文 献

［1］岑耀东．热镀锌卷尾部塔形缺陷的分析和预防措施［J］．特殊钢，2011，32（4）：39-41.

［2］岑耀东，陈林．连续热镀锌板卷取塔形的产生原因及预防措施［J］．内蒙古科技大学学报，2011，30（3）：222-225.

［3］岑耀东，陈林．连续热镀锌板卷取塔形的产生原因及预防措施［C］．中国金属学会、中国金属学会特殊钢分会．2011年全国高品质特殊钢生产技术研讨会文集2011：4.

［4］许秀飞．钢带热镀锌技术问答［M］．北京：化学工业出版社，2007.

［5］李九岭．带钢连续热镀锌［M］．北京：冶金工业出版社，2019.

［6］李九岭，胡八虎，陈永朋．热镀锌设备与工艺［M］．北京：冶金工业出版社，2014.

［7］李九岭，许秀飞，李守华．带钢连续热镀锌生产问答［M］．北京：冶金工业出版社，2011.

［8］张启富．现代钢带连续热镀锌［M］．北京：冶金工业出版社，2007.

［9］王存海，邸宝珠．连续热镀锌卷取塔形产生原因及防范措施［C］．中国金属学会．第七届（2009）中国钢铁年会大会论文集（中）．中国金属学会：中国金属学会，2009：128-129.

附录 80 组焊接样本数据表

输入值						输出值
规格厚度/mm		电流设定 /kA	搭接量设定/mm		焊轮压力 /daN	温度/℃
带头	带尾		操作侧	传动侧		
0.76	0.96	20.4	0.96	2.00	1180	985
0.76	0.96	19.9	0.96	2.00	1175	993
0.76	0.96	20.8	0.96	2.00	1170	962
0.76	0.96	20.0	0.96	2.00	1180	982
0.76	0.96	20.8	0.96	2.00	1180	996
0.76	0.96	20.0	0.96	2.00	1185	991
0.76	0.96	19.8	0.96	2.00	1165	993
0.76	0.96	21.8	1.07	2.14	1183	1020
0.76	0.96	21.5	0.96	2.00	1181	1015
0.76	0.96	20.0	0.98	2.01	1185	981
0.76	0.96	20.4	0.96	2.00	1182	984
0.76	0.96	20.1	0.98	2.00	1170	980
0.76	0.96	20.2	0.96	2.01	1172	987
0.76	0.96	19.9	0.96	2.03	1168	973
0.76	0.96	20.3	0.99	2.06	1171	991
0.76	0.96	20.3	1.00	2.06	1176	989
0.76	0.96	20.4	0.99	2.03	1180	994
0.76	0.96	20.4	1.01	2.02	1160	992
0.76	0.96	20.6	1.04	2.08	1188	990
0.76	0.96	20.8	1.08	2.11	1173	986

续附录

输　入　值						输出值
规格厚度/mm		电流设定 /kA	搭接量设定/mm		焊轮压力 /daN	温度/℃
带头	带尾		操作侧	传动侧		
0.86	0.96	20.5	0.97	2.01	1200	961
0.86	0.96	20.3	0.96	2.00	1218	977
0.86	0.96	23.0	0.98	2.01	1195	1044
0.86	0.96	21.0	0.96	2.00	1190	967
0.86	0.96	20.5	0.98	2.01	1210	983
0.86	0.96	20.2	0.96	2.00	1200	1020
0.86	0.96	22.0	0.96	2.01	1203	1032
0.86	0.96	21.2	0.98	2.01	1193	1021
0.86	0.96	20.4	0.98	2.01	1196	1003
0.86	0.96	20.9	0.99	2.01	1192	998
0.86	0.96	20.8	0.96	2.01	1211	972
0.86	0.96	20.7	0.96	2.08	1212	980
0.86	0.96	23.5	0.99	2.03	1197	1058
0.86	0.96	21.3	0.96	2.00	1180	995
0.86	0.96	20.6	0.98	2.01	1200	976
0.86	0.96	20.1	0.96	2.02	1200	969
0.86	0.96	22.2	0.96	2.01	1208	1038
0.86	0.96	21.7	0.98	2.01	1197	1016
0.86	0.96	20.5	0.99	2.01	1186	1002
0.86	0.96	21.4	0.99	2.01	1188	1011
0.96	0.96	21.0	1.00	2.04	1256	1005
0.96	0.96	20.8	1.01	2.04	1250	987
0.96	0.96	20.6	1.00	2.04	1255	1021
0.96	0.96	21.3	1.00	2.04	1249	1001

输　入　值					焊轮压力	输出值
规格厚度/mm		电流设定	搭接量设定/mm		/daN	温度/℃
带头	带尾	/kA	操作侧	传动侧		
0.96	0.96	23.5	0.98	2.04	1250	1095
0.96	0.96	23.7	1.30	2.34	1240	1032
0.96	0.96	21.1	1.00	2.03	1260	992
0.96	0.96	20.0	1.30	2.30	1252	982
0.96	0.96	22.0	1.20	2.08	1239	997
0.96	0.96	21.2	0.98	2.01	1254	1002
0.96	0.96	21.4	1.00	2.04	1258	999
0.96	0.96	20.5	1.01	2.04	1251	1010
0.96	0.96	20.9	1.00	2.05	1255	985
0.96	0.96	21.6	1.00	2.07	1249	1024
0.96	0.96	23.8	0.99	2.04	1250	1007
0.96	0.96	23.2	1.30	2.34	1242	1097
0.96	0.96	21.0	1.00	2.06	1261	1021
0.96	0.96	20.1	1.30	2.30	1253	990
0.96	0.96	22.3	1.21	2.08	1239	980
0.96	0.96	21.7	0.99	2.01	1251	1022
0.96	1.16	22.0	1.07	2.14	1330	981
0.96	1.16	22.4	1.07	2.14	1320	998
0.96	1.16	20.8	1.07	2.14	1316	935
0.96	1.16	22.5	1.07	2.14	1341	936
0.96	1.16	21.0	1.06	2.13	1328	995
0.96	1.16	22.0	1.07	2.14	1333	978
0.96	1.16	23.3	1.07	2.14	1327	996
0.96	1.16	24.0	1.37	2.44	1328	1053

续附录

输 入 值						输出值
规格厚度/mm		电流设定 /kA	搭接量设定/mm		焊轮压力 /daN	温度/℃
带头	带尾		操作侧	传动侧		
0.96	1.16	23.5	1.07	2.14	1329	1074
0.96	1.16	22.7	1.07	2.14	1334	1000
0.96	1.16	22.1	1.08	2.14	1331	983
0.96	1.16	22.6	1.07	2.12	1322	999
0.96	1.16	20.9	1.06	2.14	1313	930
0.96	1.16	22.8	1.07	2.14	1345	1002
0.96	1.16	21.2	1.06	2.12	1321	998
0.96	1.16	22.8	1.07	2.14	1330	1016
0.96	1.16	23.0	1.07	2.14	1322	1060
0.96	1.16	24.3	1.37	2.44	1338	1042
0.96	1.16	23.2	1.07	2.14	1320	1069
0.96	1.16	22.8	1.07	2.14	1336	1009

注：1daN=10N。